Michel Odent

Die Wurzeln der Liebe

Michel Odent

Die Wurzeln der Liebe

Wie unsere wichtigste Emotion entsteht

Aus dem Englischen von Christoph Trunk

Walter Verlag

Titel der englischen Originalausgabe:
The Scientification of Love

Die Deutsche Bibliothek – CIP-Einheitsaufnahme

Odent, Michel:
Die Wurzeln der Liebe: wie unsere wichtigste Emotion entsteht / Michel Odent.
Aus dem Engl. von Christoph Trunk. –
Düsseldorf: Walter, 2001
Einheitssacht.: The scientification of love ‹dt.›
ISBN 3-530-42157-X

Umschlaggestaltung: Groothuis & Consorten, Hamburg
Satz: Fotosatz Moers, Mönchengladbach
Druck und Bindung: Pustet, Regensburg
ISBN 3-530-42157-X

Für Eugène Marais,
dessen Spiegel nicht in Stücke zersprungen war

Inhalt

Dank

Ich bin all den Müttern (und Großmüttern) zu großem Dank verpflichtet, die mir geholfen haben, dieses Buch zu konzipieren, und an seiner Entstehung beteiligt waren. Insbesondere möchte ich nennen:

Susan Colson – aus unseren fruchtbaren Gesprächen entstanden neue Ideen und Vorstellungen, zum Beispiel die der »wissenschaftlichen Fundierung der Liebe« oder der »wissenschaftlichen Fundierung des Stillens«. Ich bewundere Deine Fähigkeit, an die Stelle unangemessener Begriffe *le mot juste* zu setzen.

Moyra Bremner – danke, daß Sie mich alles über Wortbildung gelehrt haben.

Jane Feinmann – danke für Ihre Hilfe bei der Neufassung eines zentralen Kapitels.

Alice Charlwood – danke für Ihren wertvollen Rat.

Elisabeth Geisel – danke, daß Du mir eine Übersetzung der wichtigsten Kapitel Deines hochgelobten Buches zugänglich gemacht hast. Mir sind nun die Funktionen klarer geworden, die Tränen bei der Äußerung von Gefühlen erfüllen.

Liliana Lammers – danke für Deine ganzheitliche Auffassung des Wortes »Liebe«.

Vorwort

Vor mehr als zwanzig Jahren traf ich mit einer Filmcrew in Pithiviers ein, um dort eine Dokumentation über die Arbeit Michel Odents zu drehen, eines französischen Chirurgen, der im Begriff war, zu einer Berühmtheit zu werden, weil er die Geburtshilfe revolutionierte.

Schon damals paßte er als Mediziner in keine berufliche Schublade. Da er als Chirurg ausgebildet worden war, betrachtete er die Geburtshilfe zunächst von einer Außenperspektive und mit seinem gesunden Menschenverstand, und was er da vorfand, verblüffte ihn: Die veralteten Verfahrensweisen sprachen der Logik und den Kriterien der Wissenschaftlichkeit Hohn, wurden aber dennoch seit Jahren fraglos akzeptiert. Sie hatten zur Folge, daß die Wehen länger dauerten, die Gebärenden mehr Schmerzen litten, das Risiko von Geburtskomplikationen stieg und ärztliche Interventionen somit wahrscheinlicher wurden.

Indem er den Frauen ganz einfach die Möglichkeit gab, ihren Gebärinstinkten zu folgen, in einer behaglichen Umgebung zu entbinden anstatt in einer, die von High-tech-Apparaten bestimmt war, und einen Partner bei sich zu haben, der ihnen helfen und sie (buchstäblich) stützen konnte, stellte er die Praxis der Geburtshilfe auf den Kopf und erreichte, daß ärztliche Interventionen wie Zangengeburt und Kaiserschnitt so gut wie nie mehr notwendig wurden.

Seine Sichtweise leuchtete mir vollkommen ein. Ich weiß noch, wie ich auf den Stufen seines Krankenhauses einen improvisierten »Epilog« zu meinem Fernseh-Dokumentarfilm sprach und wie ich dabei meiner Empörung Luft machte: Man hatte mich um eine Entbindung im Sinne von Odents Vorstellungen betrogen. Ich hatte zwei Kinder nach dem unflexiblen, hierarchischen System, das damals in Großbritannien in Mode war, zur Welt gebracht, auf dem Rücken liegend, die Beine in Halterungen, so daß ich das Baby bergauf herauspressen mußte! Erst im Gespräch mit Odent ging mir auf, daß sich Frauen im Stehen einfach die Schwerkraft zunutze machen konnten, damit diese das Baby *nach unten herauszog.*

Seine Vorgehensweise war vernünftig und human und beruhte darauf, die Tierinstinkte der Gebärenden freizusetzen. Der entscheidende Punkt aber war für mich, daß er den Vorgang der Geburt für Frauen, Babys und Männer entmystifizierte und ihm den Anstrich eines medizinischen Problems nahm.

Ich wollte unbedingt, daß das neue Bild, das er von der Geburt entwarf, allen Frauen zugute kommen sollte, und machte mich sogleich daran, seine Theorien und Verfahrensweisen in meine Bücher einzuarbeiten. Seine Thesen wurden geradezu zum Dreh- und Angelpunkt dessen, was ich über Schwangerschaft und Geburt schrieb, und jedes Buch, das ich seitdem über dieses Thema verfaßt habe, enthält einen Abschnitt über Odents Ideen.

Frauen wie Ärzteschaft verdanken Odent ungeheuer viel. Wir brauchen Visionäre wie ihn. Auch seine jüngste Hypothese, die er in diesem Buch vorstellt, hat in meinen Augen etwas Visionäres. Er eröffnet die ziemlich überraschende Aussicht, daß die Erforschung dessen, wie wir lernen zu lieben – dieses Lernen beginnt schon in den ersten Sekunden nach der Geburt an der Mutterbrust –, uns Hinweise auf die Ursachen der Gewalt in unserer Gesellschaft liefern kann.

Er legt nahe, daß die Wurzeln der Liebe (oder allgemeiner, des Hingezogenseins) auf Zellebene zu suchen sind, genauer gesagt, auf der Oberfläche von Zellen, wo »Botenstoffe«, die sogenannten Liganden, sich an Rezeptoren koppeln (anders gesagt, eine Bindung zu ihnen aufbauen). Dieses Ankoppeln läßt sich als Liebe auf molekularer Ebene auffassen und ist, wie man sich denken kann, eine höchst selektive Angelegenheit. Genauso wie jede Raupe ihre eigene, ganz besondere Sorte von Blättern braucht, so gibt es für jeden Liganden nur einen Rezeptor, an den er andocken oder den er »lieben« kann.

Im Mittelpunkt von Odents Denkmodell steht Oxytozin, das Hormon der Wehen, der Entbindung, des Stillens und, Sie haben es erraten, der Mutterliebe – ja eigentlich fast jeder Art der Liebe: Auch in der sexuellen Begegnung wird bei Frauen und Männern Oxytozin freigesetzt.

Vielleicht liegt er auch diesmal richtig, wie schon bei der Geburt mit der These, daß die Fähigkeit zu lieben – deren Inbegriff das nicht sehr komplexe Molekül Oxytozin ist – und vor allem die Fähigkeit, unseren Planeten zu lieben und zu schützen, Voraussetzung für das Überleben der Menschheit ist.

Miriam Stoppard

Vorbemerkung

In einer Zeit der Überspezialisierung ein interdisziplinäres Buch zu schreiben ist ein gewisses Wagnis. Ich bin darauf gefaßt, daß einige Leserinnen und Leser Teile dieses Buches, in denen ich ihre jeweiligen Fachgebiete streife, für oberflächlich oder allzu stark vereinfacht halten werden. Ich befürchte auch, daß manche Kapitel zu kompliziert oder umständlich wirken und den Eindruck erwecken können, sie würden eine Menge irrelevanter oder unnützer Details enthalten.

Trotz solcher Schwierigkeiten ist dieses Buch aber notwendig in einer Zeit, in der das Problem der Gewalt und die Frage nach ihren Wurzeln immer mehr ins Blickfeld rücken. Ich bin überzeugt, daß wir in unserem Verständnis der vielen Aspekte der Gewalt eine neue Stufe erreichen können, indem wir die Frage auf den Kopf stellen und uns statt dessen anschauen, wie die Fähigkeit zu lieben entsteht. Ich werde nie vergessen, wie mir der Kampf gegen Krankheit von dem Tag an, als ich anfing, die Grundlagen der Gesundheit zu erforschen, in einem neuen Licht erschien.

Um den möglichen Schwachpunkten eines Buches, das sich an eine sehr gemischte Leserschaft richtet, etwas entgegenzuwirken, habe ich am Ende jedes Kapitels eine kleine Zusammenfassung angefügt. Für den Fall, daß Sie sich mit bestimmten Aspekten dieses neuen und doch schon weit verzweigten Forschungsgebietes eingehender befassen möchten, finden Sie am Ende des Buches Literaturhinweise zu den einzelnen Kapiteln.

Einleitung: Die Macht der Liebe

Jedes menschliche Wesen ist in der Lage, Liebe zu empfinden und zu erfahren, doch es ist schwer, die Liebe angemessen zu definieren, und noch schwerer, sie mit wissenschaftlichen und experimentellen Methoden zu erforschen. Sie ist ein zentrales Thema von Dichtung, Kunst, Philosophie, Religion und einem Großteil unserer Alltagskultur, doch bislang wurde sie kaum als ein geeigneter Gegenstand der wissenschaftlichen Forschung betrachtet.

Als Teilhard de Chardin vor fünfzig Jahren vorhersagte, daß die Menschen eines Tages lernen würden, die Energien der Liebe nutzbar zu machen, und daß dies ein ebenso entscheidender Entwicklungsschritt in der Menschheitsgeschichte sein werde wie die Entdeckung des Feuers, hielt man seine Vision für pure Utopie. Eine solche Einschätzung ist aber nicht länger zutreffend, denn in den letzten Jahrzehnten des zwanzigsten Jahrhunderts sind das Wesen der Liebe und die Entwicklung der Liebesfähigkeit zum wissenschaftlichen Forschungsgegenstand geworden. Die dabei gewonnenen Erkenntnisse sind mindestens so bedeutsam wie die Entdeckungen der Genetik, der Elektronik oder der Quantentheorie, finden aber in der Öffentlichkeit so gut wie keine Beachtung. Auch den meisten Wissenschaftlern, unter anderem den Medizinern, ist nicht wirklich bewußt, daß hier ein neues Wissensgebiet entstanden ist.

Der Hauptgrund für diese weitgehende Uninformiertheit liegt darin, daß die Wissenschaft mittlerweile in unglaublich viele kleine Spezialgebiete zersplittert ist. Die neuen Ergebnisse und Befunde zum Thema Liebe entstammen einer Vielzahl von Disziplinen. Experten und Expertinnen tragen jeweils kleine, aber entscheidende Mosaiksteinchen zu diesem neuen Forschungsgebiet bei, doch oft bleibt ihnen verborgen, wie eng ihre eigenen Entdeckungen mit denen von anderen zusammenhängen.

Im übrigen bin ich der Ansicht, daß das medizinische Establishment bestimmte wissenschaftliche Fragestellungen als politisch inkorrekt betrachtet und sie bewußt vernachlässigt. Immer wieder stoße ich auf wichtige Studien, die trotz ihrer weitreichenden Bedeutung von der Fachwelt ignoriert werden.

Mein Buch ist ein Versuch, daran etwas zu ändern. Die wissenschaftliche Fundierung der Liebe hält für die breite Öffentlichkeit wie auch für Mediziner und Wissenschaftler Erkenntnisse von größter Wichtigkeit bereit. Erstens zeigt sie, daß die Liebe der Mutter zu ihrem Kind der Prototypus sämtlicher Erscheinungsformen der Liebe ist: der Vaterliebe, der Liebe zu den Eltern, der sexuellen Liebe, der romantischen Liebe, der platonischen Liebe, der spirituellen Liebe, der brüderlichen Liebe – und nicht zu vergessen der Liebe zum eigenen Land, der Liebe zu unbelebten Gegenständen und der mitfühlenden und besorgten Liebe zu »Mutter Erde«. Außerdem weist vieles darauf hin, daß es eine kurze, aber entscheidende Phase direkt nach der Geburt gibt, deren Verlauf und Gestaltung weitreichende Auswirkungen auf unsere spätere Liebesfähigkeit hat. Wenn wir Menschen weiterhin ignorieren, welche unseligen Konsequenzen wir heraufbeschwören, wenn wir die physiologisch vorgegebenen Abläufe dieser entscheidenden Lebensphase in Rituale zwängen, behindern oder auf andere Weise mißachten, fügen wir uns großen Schaden zu.

Zweitens macht die neuere Forschung deutlich, daß die verschiedenen Formen der menschlichen Liebe auf sozusagen ganzheitliche Weise miteinander verwoben sind, denn es sind immer wieder dieselben Hormone im Spiel, und bestimmte Verhaltensmuster sind in ähnlicher Weise sowohl beim Geschlechtsverkehr als auch beim Gebären und beim Stillen zu beobachten. Aus dieser Perspektive wird deutlich, welch hohen Preis die Menschheit für ihre »Zivilisierung« bezahlt und warum Hemmungen des sexuellen Verlangens, Geburtskomplikationen und Schwierigkeiten mit dem Stillen derzeit so weit verbreitet sind. Wir verstehen dann auch, wie wir zu einem reicheren und erfüllteren Sexualleben gelangen können.

Vor allem aber kann die wissenschaftliche Fundierung der Liebe ein geschärftes Bewußtsein für diese Fragen und Zusammenhänge schaffen und uns vielleicht zum Nachdenken darüber anregen, was wir eigentlich von der Zivilisation wollen. Fast jede Kultur, die sich durchgesetzt hat, ist von derselben Überlebensstrategie geprägt, nämlich dem Bemühen, Macht und Kontrolle über die Natur und über andere Gruppen von Menschen auszuüben. Wenn eine Kultur bis zum heutigen Tag überdauert hat, ist das darauf zurückzuführen, daß sie das menschliche Aggressionspotential mit Erfolg erschlossen und gefördert hat. Am Beginn des einundzwanzigsten Jahrhunderts aber ist die Kultivierung der Fähigkeit, andere Menschen und ebenso »Mutter Erde« zu lieben und zu achten, schließlich und endlich zu einer Grundbedingung dafür geworden, daß wir als Spezies wie auch als einzelne überleben können.

Aus diesem Grund muß die fünfzig Jahre alte Vorhersage Teilhard de Chardins nun Realität werden.

1 *Die Frühgeschichte oder Der intakte Spiegel*

Die wissenschaftliche Erforschung der Liebe hat eine Vorgeschichte. Doch dem, was zu jener Zeit geschehen ist, kommt man nur mit viel Geduld und Glück auf die Spur. Durch Zufall wurde ich auf die Arbeit von Eugène Marais aufmerksam, den eine ganze Generation von Afrikaans sprechenden Südafrikanern als einen Dichter kannte, der über Leid und Liebe schrieb. Größere Bekanntheit hätte er freilich verdient für seine naturwissenschaftlichen Hypothesen und für seine Untersuchungen zum Verhalten von Tieren. Er war damit späteren Studien, die besser in den allgemeinen Wissenschaftsbetrieb paßten und dementsprechend mehr Anerkennung fanden, um viele Jahre voraus.

Um das Jahr 1920 – was unser Thema angeht, waren das wahrhaft prähistorische Zeiten – führte Marais Experimente durch, um Bestätigung für seine dichterische Intuition zu finden, daß zwischen den Schmerzen des Gebärens und der Liebe der Mutter zu ihrem Kind ein Zusammenhang besteht.[1] Er untersuchte eine Herde von sechzig halbwilden südafrikanischen Schafen, sogenannten Kaffer-Schafen. Wie er wußte, war es in dieser Herde während der vorangegangenen fünfzehn Jahre niemals vorgekommen, »daß – unter normalen Umständen – eine Schafmutter ihr Junges nicht annahm«. Bei einem seiner Experimente betäubte er sechs jungende Weibchen mit Chloroform und Äther und stellte fest, daß alle danach ihre Jungen abwiesen. Natürlich verfügte Marais zu jener Zeit nicht über die Möglichkeiten, um den Zusammenhang zwischen Schmerzen beim Gebären und mütterlichem Verhalten auf stimmige Weise erklären zu können. Er wußte nichts über Hormone oder darüber, daß die körpereigenen schmerzlindernden Substanzen, die während der Wehen ausgeschüttet werden, auch für die Auslösung des mütterlichen Verhaltens bedeutsam sind. Indem er aber das Verhalten verschiedener Arten verglichen hatte, war er auf eine einfache Regel gestoßen: Wenn bei einer Art die Jungen nach der Geburt noch unreif und völlig von einer liebenden und nährenden Mutter abhängig sind, ist das Gebären mit Schmerzen verbunden. Wären Marais' Berichte ursprünglich in Englisch erschienen und somit bekannter geworden, dann wären bestimmte Theorien, laut denen die Schmerzen menschlicher Mütter beim Gebären »kulturbedingt« sind, niemals aufgestellt oder gar weithin akzeptiert worden; zumindest wären sie wohl differenzierter ausgefallen. In der Mitte des zwanzigsten Jahrhunderts war die Auffassung gängig, Gebären dürfe nicht schmerzhaft sein, denn es gebe ansonsten keine physiologische Funktion des normalen und gesunden Organismus, die mit Schmerzen einhergehe. Oft erklärte man Schmerzen beim Gebären auch mit »bedingten Reflexen«.

Das Experiment von Eugène Marais kann uns als ein erster Anhaltspunkt dienen, um der Frage nachzugehen: Inwieweit eignen sich Tierexperimente dazu, unser Wissen über das Wesen des Menschen zu erweitern, und wo liegen ihre Grenzen?

Das Ergebnis eines Tierexperiments ist oft einfach und eindeutig. Hier lautet es: Nach der Betäubung nahmen die Mutterschafe ihre Jungen nicht an. Wir wissen, warum das Verhalten von Menschen viel komplexer ist. Menschen kommunizieren durch Sprache. Sie erschaffen Kulturen. Der Einfluß der Hormone auf das Verhalten ist bei ihnen weit weniger direkt als bei Tieren. Wenn eine Frau weiß, daß sie ein Kind erwartet, kann sie das mütterliche Verhalten, das sie später an den Tag legen wird, gedanklich schon weitgehend vorwegnehmen. Das bedeutet indes nicht, daß wir von nichtmenschlichen Säugetieren nichts über uns selbst lernen können. Tierexperimente zeigen Fragen auf, die wir uns über uns selbst stellen sollten.

Wenn wir uns mit dem Menschen befassen, müssen wir auch die Einflüsse in Betracht ziehen, die die Zivilisation auf ihn ausübt. Deshalb besteht, wenn ein Mutterschaf, das bei der Geburt durch Chloroform und Äther betäubt war, sich nicht um ihr Junges kümmert, Anlaß zur Sorge: Wie wird es um die Zukunft unserer Zivilisation bestellt sein, wenn wir den Vorgang der Geburt weiterhin so stören, wie wir das routinemäßig tun?

Das Experiment von Eugène Marais hilft uns, klarer zu sehen, wie wir die Wissenschaft nutzen können, um zu einem tieferen Verständnis des Lebens im allgemeinen und der menschlichen Natur im besonderen zu gelangen. Die biologischen Wissenschaften sind eine Art Spiegel, in dem wir nach einem Spiegelbild unserer selbst suchen können.

Solange die wissenschaftliche Fundierung der Liebe sich noch in ihrer »prähistorischen« Phase befand, war der Spiegel nicht besonders gut geschliffen und poliert. Das Bild war verschwommen, und Details waren nur undeutlich zu erkennen. Allerdings war es noch möglich, den unpolierten Spiegel in seiner Gesamtheit zu betrachten. Eugène Marais war imstande, das Leben und die menschliche Natur aus einer beeindruckenden Zahl von Perspektiven zu untersuchen. Er war nicht nur ein Dichter, der Religionswissenschaften, Jura und Medizin studiert hatte, sondern auch Journalist und praktizierender Anwalt und verbrachte einen großen Teil seiner Zeit damit, das Verhalten von so unterschiedlichen Tieren wie Termiten, Skorpionen und Pavianen zu analysieren. Seine tiefen Einsichten in das Wesen des Menschen, der Liebe und des Schmerzes verdankten sich der Fähigkeit, zwischen diesen vielen Blickwinkeln ständig Verbindungslinien zu ziehen.

Heute ist derselbe Spiegel blankpoliert und erstrahlt in hellem Glanz. Nun sind selbst kleinste Details in ihm zu erkennen – doch es ist, als sei er in tausend Stücke zersprungen. Denn all die Spezialisten und Spezialistinnen wissen zwar ungeheuer viel über ihr eigenes kleines Stück des zersplitterten Spiegels, aber sie können nicht erkennen, wie es zu den anderen Stücken paßt, die zusammen mit ihm das Ganze ausmachen.

Unsere Aufgabe besteht darin, ein Bild zu rekonstruieren, das so umfassend wie nur möglich ist. Wir unterschätzen nicht die Schwierigkeiten, die damit verbunden sind. Zunächst wollen wir von den Bruchstücken, die verschiedene Wissenschaftszweige zutage gefördert haben, die größten zueinander in Beziehung setzen. Danach schauen wir uns dann die vielen kleinen Bruchstücke an, bei denen es noch immer schwierig ist, Zusammenhänge zu erkennen.

Zusammenfassung

Im Mittelpunkt unserer Beschreibung des Phänomens, das wir »wissenschaftliche Fundierung der Liebe« nennen, steht die Metapher des Spiegels: Die biologischen Wissenschaften sind wie ein Spiegel, in dem wir nach einem Widerschein von uns selbst suchen. Heute ist dieser Spiegel zwar blankpoliert, aber in tausend Stücke zersprungen. Unser Ziel ist, alle diese winzigen Splitter in Beziehung zueinander zu setzen.

2 *Entenküken, Schafe, Affen*

Die eigentliche Geschichte der wissenschaftlichen Fundierung der Liebe begann in den dreißiger Jahren des zwanzigsten Jahrhunderts mit einem Experiment, das seither zu einer Legende geworden ist. Der Begründer der modernen Verhaltensforschung, Konrad Lorenz, hatte sich eines Tages zwischen frisch geschlüpfte Graugansküken und ihre Mutter gestellt und dann das Schnattern der Mutter imitiert. Daraufhin entwickelten die Küken eine Bindung an Lorenz, die ihr ganzes Leben anhielt. Sie folgten ihm zum Beispiel die ganze Zeit, während er im Garten umherging. So entstand die Vorstellung von einer sensiblen Phase des Bindungsaufbaus, einem kurzen, aber entscheidenden Zeitabschnitt unmittelbar nach der Geburt, der sich später nie wiederholen wird.

Verhaltensforscher beobachten Tiere wie auch Menschen. Ihr Interesse ist jeweils nicht auf eine bestimmte Art gerichtet. Oft untersuchen sie zum Beispiel, welche Ausprägungen ein Verhaltenstypus bei ganz verschiedenen Tieren annimmt.[1] In der Regel versuchen sie in das beobachtete Geschehen so wenig wie möglich einzugreifen, doch sie führen auch Experimente durch. So gibt es viele experimentelle Untersuchungen dazu, wie die Bindung zwischen Mutter und Kind entsteht. Dabei bestätigte sich immer wieder, daß es bei einer Vielzahl von Vogel- und Säugetierarten eine sensible Phase unmittelbar nach der Geburt gibt.

Bridges zum Beispiel untersuchte insbesondere die Geburt bei Ratten.[2] Wird ein Weibchen beim Gebären gestört, verzögert sich die Geburt nicht nur, sondern es kommt zu einer Veränderung der Beziehung zwischen Mutter und Jungen, die langfristige Auswirkungen auf die Jungen hat. Ähnliche Auswirkungen sind festzustellen, wenn Rattenmütter daran gehindert werden, ihre neugeborenen Jungen zu lecken. Nimmt man ihnen nach dem Werfen die Jungen für 25 Tage weg, so sprechen diejenigen Weibchen, die ihre Jungen noch lecken konnten, danach stärker auf junge Ratten an als diejenigen, die am Lecken gehindert wurden. Bridges untersuchte außerdem, wie sich die Dauer des anfänglichen Kontaktes mit den Jungen auf das mütterliche Verhalten auswirkte: Wenn die Rattenjungen nach ihrer Geburt vier bis sechs Stunden bei der Mutter gelassen wurden, legte diese selbst nach einer 25 Tage langen Trennung noch mütterliches Verhalten an den Tag. Siegel und Greenwald zeigten, daß auch bei Hamstern das frühe Trennen von Mutter und Jungen zu einem Ausbleiben mütterlicher Verhaltensweisen führt.[3]

Bei Schafen und Ziegen sind die Folgen einer Trennung von Mutter und Jungem nach der Geburt noch weit spektakulärer als bei Nagetieren, denn bei diesen Arten schwindet die Bereitschaft zu mütterlichem Verhalten rascher. Ein weiterer Unterschied zu Nagetieren besteht darin, daß die Muttertiere individualisierte Bindungen an ihre Jungen entwickeln und jedes fremde Jungtier wegstoßen. Blauvelt zeigte bereits 1956, daß eine Ziege, wenn sie von ihrem neugeborenen Kitz nur ein paar Stunden lang getrennt wird, ohne daß sie es zuvor lecken konnte, und wenn ihr das Kitz dann zurückgegeben wird, »keine Verhaltensweisen in ihrem Repertoire zu haben scheint, die dem Neugeborenen noch irgend etwas nützen könnten«.[4] Poindron und Le Neindre stellten fest, daß eine vierstündige Trennung von Mutterschafen und ihren gerade geborenen Lämmern dazu führte, daß die Hälfte der Mutterschafe sich um ihre Lämmer nicht mehr kümmerte.[5] Setzte dagegen zwei bis vier Tage nach der Geburt eine 24stündige Trennung ein, nahmen danach sämtliche Mutterschafe ihre Lämmer wieder an. In einer weiteren Studie an Schafen konnten Krehbiehl und Poindron bestätigen, daß ein enger Zusammenhang zwischen Geburtsverlauf und mütterlichem Verhalten besteht: Erfolgt die Geburt unter einer Epiduralanästhesie, nehmen Mutterschafe danach ihre Lämmer nicht an.[6]

Harlow hat Studien durchgeführt, aus denen sich viele praxisrelevante Folgerungen ergeben.[7] Zunächst untersuchte er bei Primaten – die mit uns Menschen eng verwandt sind – die Interaktion zwischen Mutter und Kind. Er scheute sich auch nicht, als Wissenschaftler das Wort »Liebe« zu verwenden, als er die Zusammenhänge zwischen zwei ihrer Aspekte erforschte, der Mutter-Kind-Beziehung auf der einen und dem Sexualverhalten der erwachsenen Individuen auf der anderen Seite. Der Gebrauch des Wortes »Liebe« durch Verhaltensforscher wie Harlow ist für mich ein erster Anlaß, auf die großen Schwierigkeiten hinzuweisen, in die wir bei einer wissenschaftlichen Erforschung der Liebe geraten. Das Hauptproblem liegt darin, daß sich die Bedeutung des Wortes nicht angemessen erklären oder definieren läßt, weil die Liebe so viele Facetten hat. Allerdings bestehen zwischen den verschiedenen Äußerungsformen der Liebe offensichtliche Ähnlichkeiten und Zusammenhänge, und es scheint, als seien die Verhaltensforscher zu einer stillschweigenden Übereinkunft gelangt, daß die Bindung zwischen Mutter und Kind die Urform der Liebe darstellt.

Verhaltensforscher untersuchen auch, wie gesagt, menschliche Verhaltensweisen. Der deutsche Verhaltensforscher Eibl-Eibesfeldt zum Beispiel benutzte eine Spezialkamera mit einem seitlichen Fenster im Objektiv, um das Flirten von Menschen in zahlreichen Kulturen zu untersuchen, unter anderem auch in industrialisierten Ländern.[8] Er beschrieb universelle Muster des Flirtens und konnte nachweisen, daß der Blick das wahrscheinlich wirkungsvollste Mittel des menschlichen Werbens und Flirtens ist. Wenn ich über solche Studien aus der Verhaltensforschung lese, muß ich immer daran denken, wie fasziniert Mütter vom Blick ihres neugeborenen Babys sind …

Zusammenfassung

Verhaltensforscher, die das Verhalten von Tieren und Menschen beobachten, betrachten die Mutter-Kind-Bindung als die prototypische Form der Liebe. Unabhängig von der jeweiligen Spezies gibt es unmittelbar nach der Geburt einen kurzen, aber entscheidenden Zeitabschnitt, dessen Verlauf und Gestaltung weitreichende Konsequenzen hat.

3 *Hormone der Liebe und Entbindung*

Ein erstes historisches Experiment

Im Jahr 1968 trat die wissenschaftliche Fundierung der Liebe in eine neue Phase ein, als Terkel und Rosenblatt Rattenweibchen, die noch keine Jungen hatten, Blut injizierten, das Muttertieren innerhalb von 48 Stunden nach dem Werfen abgenommen worden war.[1] Die Weibchen verhielten sich daraufhin wie Muttertiere. Terkel und Rosenblatt hatten also nachgewiesen, daß im Blut von Rattenweibchen unmittelbar nach dem Gebären Hormone vorhanden sind, die das mütterliche Verhalten beeinflussen. Sie wiederholten ihr ursprüngliches Experiment mit ausgefeilteren Methoden und verdeutlichten auf diese Weise, wie wichtig der Zeitabschnitt um die Geburt herum ist.

Diesem historischen Experiment folgten in den 70er Jahren zahlreiche weitere Studien darüber, wie Hormone, deren Spiegel um die Zeit der Geburt herum starken Schwankungen unterliegt, das Verhalten steuern. Rosenblatt und Siegel, die in den USA Ratten[2], und Poindron und Le Neindre, die in Frankreich Schafe untersuchten[3], konzentrierten sich dabei insbesondere auf die Wirkungen von Östrogenen und von Progesteron. Zarrow und seine Mitarbeiter untersuchten die Effekte von Prolaktin.[4] Wenn wir uns alle diese Studien anschauen, gelangen wir zu dem Schluß, daß mütterliche Verhaltensweisen zum einen durch Östrogene, zum anderen durch das rasche Absinken des Progesteronspiegels in der Entbindungsphase aktiviert und angeregt werden.

Ein zweites historisches Experiment

Merkwürdigerweise mußten wir nach jenen ersten Antworten, die uns Terkel und Rosenblatt gaben, elf Jahre lang warten, bis wir von Studien über die Wirkungen, die das Hormon Oxytozin im Verhalten hervorruft, erfuhren. Dies ist deshalb verwunderlich, weil alle Physiologen, Ärzte und Hebammen wissen, daß dieses Hormon – das von der Hirnanhangdrüse ausgeschüttet wird – beim Geburtsvorgang und beim Stillen eine wesentliche Rolle spielt. Es stimuliert die Kontraktionen der Gebärmutter und setzt damit die Geburt des Babys und die nachfolgende Ausstoßung der Plazenta in Gang. Außerdem löst es den sogenannten Milchejektionsreflex aus. Daß Forscher bis dahin nicht in Erwägung gezogen hatten, daß Oxytozin sich auch auf das Verhalten auswirken könnte, liegt vermutlich daran, daß die peripheren mechanischen Effekte des Hormons allzu bekannt waren. Ein weiterer Grund für diese Verzögerung war, daß Oxytozin direkt ins Gehirn injiziert werden muß, um nachweisbare Änderungen des Verhaltens hervorzurufen. Eine neue Ära in diesem Forschungsgebiet wurde eingeläutet, als Prange und Pedersen zeigen konnten, daß sich bei Säugetieren mütterliches Verhalten auslösen läßt, indem man Oxytozin in die Hirnventrikel injiziert.[5]

Wie explosionsartig die Aktivität in einem Forschungsgebiet nach einem solch wegweisenden Experiment ansteigen kann, ist daran abzulesen, daß ein von der New York Academy of Sciences 1992 veröffentlichtes, 500 Seiten umfassendes Buch 53 Artikel zu den Verhaltenseffekten von Oxytozin enthielt![6] Laut Niles Newton lassen sich die Befunde dieser Forschungsperiode auf den gemeinsamen Nenner bringen, daß »Oxytozin das Hormon der Liebe ist«. Es fällt auf, daß Oxytozin, ganz gleich, welche Facette der Liebe wir uns anschauen, immer eine Rolle spielt. Es ist auch an der Laktation, also dem Stillen beteiligt, und beim Geschlechtsverkehr schütten Frauen wie Männer Oxytozin aus. Die Studien von Verbalis haben sogar ergeben, daß unser Spiegel des »Hormons der Liebe« ansteigt, wenn wir gemeinsam mit anderen eine Mahlzeit einnehmen.[7] Gemeinsam zu essen ist mehr als bloße Nahrungsaufnahme, es ist auch eine Form, in der wir miteinander in Beziehung treten. Zur selben Zeit, als zahlreiche Studien die Verhaltenseffekte von Oxytozin nachwiesen, konnte K. Uvnas-Moberg in Schweden zeigen, daß die Spitzenwerte des Oxytozinspiegels unmittelbar nach der Geburt noch immer höher liegen können als während der Wehen.[8]

Komplexe hormonelle Gleichgewichte

Die Vorstellung, daß Oxytozin das Hormon der Liebe ist, steht nicht im Widerspruch zu den Erkenntnissen der Forscher, die in den 70er Jahren die Wirkungen anderer Sexualhormone untersuchten, insbesondere der Östrogene und von Progesteron. Heute haben wir ein recht genaues Bild davon, wie Östrogene die für Oxytozin und Prolaktin ansprechbaren Rezeptoren aktivieren. Wir müssen dabei im Auge behalten, daß es sich immer um hormonelle Gleichgewichte handelt. Zum Beispiel stehen unmittelbar nach der Entbindung Oxytozin – ein altruistisches Hormon – und Prolaktin – ein Hormon, das die mütterliche Funktion des Stillens bewirkt – in einem komplementären Verhältnis zueinander.

Im Jahr 1979 wurde nachgewiesen, daß während der Wehen und der Entbindung Endorphine, das sind morphinähnliche Hormone, ausgeschüttet werden.[9,10] Diese Vorgänge sind mittlerweile bis in die Einzelheiten gut erforscht. In den frühen 80er Jahren fand man heraus, daß auch das Baby während der Geburt Endorphine ausschüttet. Heute besteht kein Zweifel mehr, daß sowohl die Mutter als auch das Baby nach der Entbindung für eine bestimmte Zeit von Opiaten geradezu überschwemmt sind.[11,12] Daß Opiate abhängig machen können, ist allgemein bekannt, und man kann sich also leicht vorstellen, wie wahrscheinlich es ist, daß sich in dieser Situation eine Art »Abhängigkeit« – eine Bindung – entwickelt.

Selbst Hormone aus der Adrenalin-Familie (die oft als Aggressionshormone betrachtet werden) haben offenbar Einfluß darauf, wie sich die Interaktion zwischen Mutter und Baby unmittelbar nach der Geburt gestaltet. Die Spiegel dieser Hormone erreichen bei der Mutter während der allerletzten Gebärmutterkontraktionen vor der Entbindung ihren Höchststand. Das ist der Grund, warum die Frau, sobald der »Fötusejektionsreflex« einsetzt, in der Regel eine aufrechte Haltung einnimmt, voller Energie ist und den plötzlichen Drang verspürt, etwas oder jemanden zu packen. Oft hat sie auch das Bedürfnis, ein Glas Wasser zu trinken, als wäre sie eine Rednerin, die vor ein großes Publikum tritt. Die Adrenalinausschüttung sorgt unter anderem dafür, daß die Mutter ihrem neugeborenen Baby hellwach begegnen kann.[13,14] Denken wir an Säugetiere in der Wildnis, so wird uns klarer, daß es für die Mutter grundsätzlich von Vorteil ist, wenn ihr genügend Energie – und Aggressivität – zu Gebote stehen, um das Neugeborene nötigenfalls verteidigen zu können. Wir wissen auch, daß der Fötus während der letzten starken Austreibungskontraktionen über seine eigenen Überlebensmechanismen verfügt und ebenfalls Hormone aus der Adrenalinfamilie ausschüttet.[15] Ein Noradrenalin-Stoß versetzt ihn in die Lage, sich an den Sauerstoffmangel anzupassen, der für diese Phase der Entbindung typisch und normal ist. Die sichtbare Wirkung dieser Hormonausschüttung ist, daß das Baby nach der Geburt hellwach ist, mit weitgeöffneten Augen und geweiteten Pupillen. Mütter sind vom Blick ihres neugeborenen Babys fasziniert und verzückt. Es ist, als würde das Baby ein Signal aussenden, und dieser Augenkontakt hat beim Menschen für den Aufbau der Mutter-Kind-Beziehung zweifellos eine wichtige Funktion.

Lange hat man der hochkomplexen Rolle, die den Hormonen der Adrenalin-Noradrenalin-Familie in der Interaktion zwischen Mutter und Kind zukommt, keine Beachtung geschenkt. An einigen wenigen Tierexperimenten ist aber zu sehen, in welche Richtung künftige Studien zielen könnten. Mäuse, denen ein Gen für die Produktion von Noradrenalin fehlt, halten ihre Jungen nicht zusammen und putzen und füttern sie nicht – es sei denn, man injiziert ihnen im Verlauf des Werfens eine Substanz, die die Produktion von Noradrenalin in Gang setzt.[16]

Unser derzeitiges Wissen über die Verhaltenseffekte von verschiedenen am Geburtsvorgang beteiligten Hormonen hilft uns, das aus der Verhaltensforschung stammende Konzept der sensiblen Phase in einem neuen Licht zu sehen. Wir können davon ausgehen, daß die Wirkung der vielen verschiedenen Hormone, die Mutter und Baby während der Wehen und der Entbindung ausschütten, danach nicht sofort abreißt. Es steht auch außer Zweifel, daß alle diese Hormone bei der späteren Interaktion zwischen Mutter und Baby eine ganz bestimmte Funktion zu erfüllen haben.

Zusammenfassung

In jüngster Zeit ist die Zahl der Studien explosionsartig angestiegen, in denen untersucht wird, wie die mit verschiedenen Aspekten des menschlichen Sexuallebens – Geschlechtsverkehr, Entbindung und Laktation – verknüpften Hormone das Verhalten steuern und beeinflussen. Als ein wichtiges »Hormon der Liebe« darf heute das Oxytozin gelten. Erkenntnisse über hormonelle Zusammenhänge werfen ein neues Licht auf das Denkmodell der sensiblen Phase, wie wir es aus der Verhaltensforschung kennen. Alle die verschiedenen Hormone, die Mutter und Baby während der Wehen und der Entbindung ausschütten, werden nach der Geburt nicht sogleich abgebaut, sondern spielen in der Interaktion zwischen Mutter und Baby jeweils eine spezifische Rolle.

4 *Forschungsperspektiven zur Primärgesundheit*

Unser Forschungszentrum – das Primal Health Research Centre – hat eine Datenbank mit Hunderten von Verweisen auf Studien erstellt, die in maßgeblichen naturwissenschaftlichen und medizinischen Zeitschriften erschienen sind. In allen diesen Studien geht es um die Zusammenhänge zwischen der »primären Periode« von Individuen und ihrem späteren Gesundheitszustand und Verhalten. Laut der Definition, die ich andernorts vorgeschlagen habe, umfaßt die »primäre Periode« das pränatale Leben des Fötus, die Geburtsphase und das Jahr nach der Geburt.[1]

Ein Überblick über unsere Datenbank zeigt, daß Wissenschaftler und Wissenschaftlerinnen, wenn sie der Lebensgeschichte von Menschen nachgingen, bei denen irgendeine Einschränkung der Liebesfähigkeit – entweder der Liebe zu sich selbst oder zu anderen – zu erkennen war, immer auf Risikofaktoren in der Zeit um die Geburt herum stießen. Außerdem bezogen sich die Korrelationen, die dabei zum Vorschein kamen, stets auf ein wichtiges und aktuelles gesellschaftliches Problem.

Gewaltkriminalität

Die Gewaltkriminalität von Jugendlichen ist zweifellos ein hochaktuelles Thema. Wir können sie als eine Einschränkung der Fähigkeit, andere zu lieben, auffassen. Adrian Raine und sein Team von der University of California, Los Angeles, verfolgten die Lebensläufe von 4269 Männern, die im selben Kopenhagener Krankenhaus zur Welt gekommen waren.[2] Sie fanden heraus, daß in dieser Gruppe der Hauptrisikofaktor dafür, mit 18 Jahren Gewaltkriminalität zu verüben, in Komplikationen bei der Geburt bestand, *in Verbindung mit* einer frühen Trennung von oder Ablehnung durch die Mutter. Früh von ihr getrennt oder abgelehnt worden zu sein stellte für sich genommen keinen Risikofaktor dar.

Selbstzerstörerische Verhaltensweisen

Suizide von Jugendlichen, eine früher so gut wie unbekannte Erscheinung, sind ein weiteres großes Problem, das unsere Zeit kennzeichnet. Lee Salk und seine Kollegen aus New York untersuchten die Lebensgeschichten von 52 jugendlichen Suizidopfern, die sich vor ihrem zwanzigsten Geburtstag umgebracht hatten, und verglichen sie mit den entsprechenden Daten von 104 Kontrollpersonen.[3] Als einer der hauptsächlichen Risikofaktoren für einen Suizid während der Adoleszenz erwies sich, daß bei der Geburt der Betreffenden eine Reanimation notwendig gewesen war.

Bertil Jacobson aus Schweden differenzierte in seinen Studien nach der jeweiligen Form des Suizids. In seiner ersten Untersuchung analysierte er bei 412 gerichtsmedizinisch untersuchten Fällen von Suizid die Unterlagen, die zur Geburt der Suizidopfer verfügbar waren, und verglich die Daten mit denen von 2901 Kontrollpersonen.[4] Es zeigte sich, daß Suizide durch Erstickung eng mit drohendem Erstickungszustand bei der Geburt korreliert waren; bei Suiziden mittels gewaltsamer mechanischer Methoden zeigte sich ein Zusammenhang mit mechanischen Geburtstraumata. In seiner letzten Studie wies Jacobson nach, daß bei Männern (nicht aber bei Frauen), deren Geburt traumatisch verlaufen war, die Wahrscheinlichkeit eines Suizids durch gewaltsame Mittel fünfmal höher ist als der eines

Suizids durch andere Methoden.[5] Jacobson untersuchte dabei die Lebensgeschichten von 242 Erwachsenen, die sich mit Schußwaffen, durch einen Sprung in die Tiefe, durch das Springen vor einen Zug, durch Erhängen, durch Schnittwunden usw. umgebracht hatten. Zum Vergleich zog er 403 Geschwister heran, die in denselben Jahren und in derselben Gruppe von Kliniken geboren worden waren. Er berücksichtigte auch konfundierende Faktoren, um fremde Einflüsse auszuschließen. So war der erwähnte Unterschied zwischen Männern und Frauen nicht festzustellen, wenn nur Mütter einbezogen wurden, die während der Wehen Schmerzmittel aus der Opiatfamilie bekommen hatten. Diese Schmerzmittel, zum Beispiel Morphin oder verschiedene synthetische Morphine, scheinen andere langfristige Nebenwirkungen zu haben, wobei eine dieser möglichen Spätfolgen Drogenabhängigkeit ist.

Dem Faktor Drogenabhängigkeit ging Jacobson in einer anderen Studie nach. Zusammen mit Karin Nyberg untersuchte er die Vorgeschichte von 200 Opiatabhängigen, die zwischen 1945 und 1966 in Stockholm geboren worden waren, und stellte ihnen als Kontrollpersonen nicht drogenabhängige Geschwister gegenüber.[6] Die Forscher fanden heraus, daß Jugendliche statistisch gesehen gefährdeter waren, drogenabhängig zu werden, wenn die Mutter seinerzeit während der Wehen bestimmte Schmerzmittel bekommen hatte.

Ein weiteres selbstzerstörerisches Verhaltensmuster ist die Anorexia nervosa. Die einzige Studie zur Magersucht, die in unserer Datenbank erfaßt ist, zeigt Korrelationen mit dem Verlauf der Geburt auf.[7] Ein Forscherteam hatte Zugang zu den Unterlagen über die Geburt sämtlicher Mädchen, die zwischen 1973 und 1984 in Schweden geboren wurden. Außerdem konnten sie die Krankengeschichten der 781 Mädchen zwischen zehn und 21 Jahren einsehen, die wegen Anorexia nervosa in schwedischen Kliniken gewesen waren. Zum Vergleich wurden jedem magersüchtigen Mädchen fünf nicht magersüchtige Mädchen gegenübergestellt, die im selben Jahr und im selben Krankenhaus zur Welt gekommen waren. Das Ergebnis dieser wegweisenden Studie ist, daß der bedeutsamste Risikofaktor dafür, an Anorexia nervosa zu erkranken, in einem Kephalhämatom bei der Geburt bestand, also in einem Bluterguß zwischen zwei Schichten eines Schädelknochens. Ein Kephalhämatom weist darauf hin, daß die Geburt, was die Einwirkung mechanischer Kräfte auf das Kind angeht, höchst traumatisch verlaufen ist. Auch der Einsatz von Zange oder Saugglocke bei der Geburt erwies sich als ein Risikofaktor.

Autismus und andere Erscheinungsformen des »autistischen Spektrums« lassen sich auch als Ausdruck einer gestörten Liebesfähigkeit auffassen. Autistische Kinder und Erwachsene sind nicht zur Geselligkeit fähig. Im Jugendalter sind sie außerstande, geschlechtliche Beziehungen aufzubauen, und haben später auch keine Kinder. Mein Interesse am Phänomen Autismus geht auf das Jahr 1982 zurück. Ich lernte damals Niko Tinbergen kennen, einen der Begründer der vergleichenden Verhaltensforschung, der 1973 zusammen mit Konrad Lorenz und Karl von Frisch den Nobelpreis erhalten hatte. Als »Feld-Verhaltensforscher«, der in der Tierbeobachtung sehr erfahren war, beschäftigte er sich insbesondere mit dem nonverbalen Verhalten von autistischen Kindern und beobachtete sie in ihrer häuslichen Umgebung. Er schilderte minuziös, was ihm dabei auffiel, und listete außerdem Faktoren auf, die eine »autistische Entgleisung« auslösen oder die betreffenden Symptome verschärfen können.[8] Hierzu zählen unter anderem Faktoren, die die Geburtsphase betreffen: tiefe Zangengeburten, Entbindung unter Vollnarkose oder Lokalanästhesie, Reanimation bei der Geburt und medikamentöse Einleitung der Wehen.

Als ich Tinbergen kennenlernte, untersuchte er mögliche Zusammenhänge zwischen der Schwierigkeit autistischer Kinder, Augenkontakt herzustellen, und dem Fehlen der Möglichkeit zum Augenkontakt zwischen Mutter und Kind unmittelbar nach der Geburt. Er bereitete seine Daten nicht nach statistischen Kriterien auf und stellte keine Vergleiche mit Kontrollgruppen an. Dies ändert aber nichts daran, daß die Arbeit von Tinbergen (und seiner Frau) der erste Versuch ist, Autismus unter dem Blickwinkel der Primärgesundheit zu erforschen.

Meine Begegnung mit Niko Tinbergen war wohl der Grund dafür, daß ich im Juni 1991 hellhörig wurde, als ich auf einen Artikel der japanischen Wissenschaftlerin Ryoko Hattori aus Kumamoto stieß.[9] Frau Hattori ging der Frage nach, inwieweit das Risiko, autistisch zu werden, an den Ort der Geburt geknüpft war. Sie stellte fest, daß bei den Kindern, die in einem bestimmten Krankenhaus geboren worden waren, die Zahl autistischer Störungen signifikant erhöht war. In diesem Krankenhaus leitete man die Wehen routinemäßig eine Woche vor dem erwarteten Geburtstermin ein und verabreichte den Frauen während der Wehen eine komplexe Mischung von Sedativa, Anästhetika und Analgetika.

Solche Studien sind nicht zuletzt deshalb von größtem Interesse, weil wir mittlerweile recht viel über das Hormonprofil autistischer Kinder und über strukturelle Besonderheiten ihres Gehirns wissen. Vielversprechende Forschungsperspektiven scheint insbesondere das Hormon Oxytozin zu eröffnen. Rufen wir uns noch einmal in Erinnerung, daß Oxytozin – das für die Geburt des Babys und die Ausstoßung der Plazenta wichtig ist, weil es die Kontraktionen der Gebärmutter anregt – auch ein altruistisches Hormon ist, ein »Hormon der Liebe«. Bei autistischen Kindern ist der Oxytozinspiegel anscheinend vergleichsweise niedrig, und bei einigen sind Versuche unternommen worden, sie mit Oxytozin zu behandeln. Ich nehme an, daß man eines Tages auch die Art und Weise eingehend untersuchen wird, in der autistische Kinder Oxytozin ausschütten. Oxytozin scheint besser zu wirken, wenn es in einem bestimmten Rhythmus, nämlich in einer Abfolge rascher Pulsationen freigesetzt wird. Heutzutage ist es durchaus möglich, die Rhythmik – das Pulsen – der Oxytozinausschüttung zu messen.

Die wichtigsten Studien, in denen Zusammenhänge zwischen Geburtsverlauf und verschiedenen Störungen der Liebesfähigkeit festgestellt wurden, sind in sehr maßgeblichen medizinischen Fachzeitschriften erschienen. Dennoch blieben sie vergleichsweise unbekannt und finden in den meisten nachfolgenden Artikeln zu demselben Fachgebiet keine Berücksichtigung. Dies ist ein Merkmal, das sie miteinander verbindet. Zum Beispiel verwies ein großer Überblicksartikel im *British Medical Journal* über Autismus auf keine einzige der oben beschriebenen Studien, die Korrelationen mit der primären Periode aufzeigen. Man könnte sich auch fragen, warum die meisten dieser Studien nicht von einer größeren Zahl von Forschern wiederholt worden sind.

Kann wissenschaftliche Forschung politisch inkorrekt sein?

Weil ich die Autoren und Autorinnen all dieser Studien persönlich kennengelernt habe, kann ich mit einigen Hinweisen noch deutlicher machen, wie auffallend wenig Beachtung diese Gruppe von Forschungsarbeiten gefunden hat. Von Niko Tinbergen habe ich eine Reihe von Briefen erhalten, ehe er nach einem Schlaganfall starb. Er war verwundert, daß es der Mehrheit der Kinderpsychiater »schwerfällt, meine Methoden, Befunde und Auffassungen zu akzeptieren«. Er fügte hinzu, er habe das Gefühl, daß ihn »die Fachwelt mit ziemlichem Argwohn betrachtet und ablehnt«. Bei einer meiner Reisen nach Japan lernte ich Ryoko Hattori kennen. Nachdem sie 1991 ihre Befunde zu autistischen Kindern veröffentlicht hatte, verlor sie ihren

Arbeitsplatz als Psychiaterin an der Universitätsklinik. Sie mußte daher jede Hoffnung aufgeben, ihre Untersuchungen auszuweiten oder zu wiederholen. Ich habe mich auch mit Lee Salk unterhalten, der den Suizid von Jugendlichen unter dem Aspekt der Primärgesundheit erforscht hatte. Er war überrascht und entmutigt, weil seine Befunde so wenig Resonanz auslösten. Bald darauf starb er an Krebs. Bertil Jacobson, der die verschiedensten selbstzerstörerischen Verhaltensweisen untersuchte, sah sich großen Hindernissen gegenüber, die ihm von Ethikkommissionen in den Weg gelegt wurden. Ihm wurde der Zugang zu Geburtsakten verwehrt, so daß er seine Studien nicht vorantreiben konnte. Die Dissertation von Karin Nyberg über »Untersuchungen zu perinatalen Ereignissen als möglichen Risikofaktoren für Drogenmißbrauch bei Erwachsenen« wurde am Karolinska-Institut zunächst abgelehnt, und zwar ohne jede Angabe von formalen, ethischen oder wissenschaftlichen Gründen – ein skandalöses Vorgehen, das ohne Beispiel war. Adrian Raine, der aus Großbritannien stammt, mußte dort Dutzende Male erleben, wie seine Forschungsprojekte abgelehnt wurden, ehe er in Los Angeles eine Gelegenheit bekam, seine Vorstellungen umzusetzen.

Kann wissenschaftliche Forschung politisch inkorrekt sein? Vor kurzem habe ich den Ausdruck »Sackgassen-Epidemiologie« [cul-de-sac epidemiology] geprägt, um damit Studien zu kennzeichnen, die nicht wiederholt und deren Ergebnisse nicht in weiteren Untersuchungen bestätigt werden, nicht einmal durch den Autor selbst.[10] Dies kommt bei Studien, die aktuelle Probleme (wie Jugendkriminalität, Suizid von Jugendlichen, Drogenabhängigkeit, Magersucht und Autismus) berühren, immer wieder vor. Die medizinische Fachwelt und die Medien lassen die Befunde solcher Studien, selbst wenn sie in maßgeblichen medizinischen oder naturwissenschaflichen Zeitschriften publiziert werden, links liegen. Die »Sackgassen-Epidemiologie« ist für mich das Gegenstück zur »zirkulären Epidemiologie«. Mit letzterem Begriff prangert man die Tendenz an, dieselbe Art von Studien ständig zu wiederholen, selbst wenn an den zu erwartenden Ergebnissen keinerlei Zweifel mehr besteht.

Prägende Erfahrungen im Mutterleib

Sämtliche genannten Studien hatten retrospektiven Charakter. Das heißt, die Forscher und Forscherinnen befaßten sich mit Kindern, Jugendlichen oder Erwachsenen, denen ein bestimmtes Merkmal gemeinsam war (etwa daß sie jemanden ermordet hatten oder drogenabhängig waren), und erkundeten ihre Lebensgeschichte. In unserer Datenbank sind aber auch prospektive Untersuchungen erfaßt, insbesondere Studien, in denen es um die möglichen langfristigen Auswirkungen der emotionalen Verfassung von Schwangeren auf ihre Kinder ging. Mehrere dieser Studien legen nahe, daß die emotionale Verfassung einer Schwangeren langfristige Effekte auf die spätere Kontaktfähigkeit, die Aggressivität oder – anders gesagt – auf die Liebesfähigkeit des Kindes haben kann.

Die älteste dieser Studien stammt aus Finnland. Zwei Psychologen ermittelten 167 Kinder, deren Vater vor ihrer Geburt gestorben war, sowie 168 Kinder, deren Vater während ihres ersten Lebensjahres gestorben war.[11] Sie werteten bei allen 335 Kindern die ärztlichen Unterlagen der ersten 35 Lebensjahre aus. Diese Kinder wuchsen ohne Vater auf, doch nur bei denen, die vor der Geburt ihren Vater verloren hatten, war das Risiko erhöht, kriminell zu werden, Alkoholprobleme zu haben und unter psychischen Erkrankungen zu leiden. Diese Studie ist ein eindrucksvoller Beleg dafür, daß die emotionale Verfassung der schwangeren Mutter mehr Langzeiteffekte auf das Kind ausübt als ihre emotionale Verfassung in seinem ersten Lebensjahr.

Aus Studien mit Kindern, deren Mütter ungewollt schwanger waren, lassen sich ähnliche Schlüsse ziehen. Ende der 50er Jahre fing ein schwedisches Forscherteam aus Göteborg an, unter sozialpsychiatrischen Gesichtspunkten die Lebensgeschichte von Kindern zu untersuchen, deren Mütter erfolglos eine Abtreibung beantragt hatten.[12] Zunächst wurden die Lebensläufe der 120 Personen in der Untersuchungsgruppe und der 120 Personen in der Kontrollgruppe bis zum Alter von 21 Jahren verfolgt. Später wurde die Untersuchung bis zur Vollendung des 35. Lebensjahres ausgedehnt. Das Hauptergebnis war, daß die Kontaktfähigkeit der Personen, deren Mütter erfolglos eine Abtreibung beantragt hatten, geringer ausgeprägt war. Dieser Unterschied war auch im Alter von 35 Jahren noch nachzuweisen.

Die Prag-Studie umfaßt eine Gruppe von 220 Personen, deren Mütter zwischen 1961 und 1963, nachdem ihr Antrag auf eine Abtreibung abgelehnt worden war, Einspruch eingelegt hatten und auch damit gescheitert waren.[13] Die Ergebnisse von vier Erhebungsdurchgängen sind veröffentlicht worden. Dreißig Jahre später konnten noch 190 Personen untersucht werden, die man mit paarweise parallelisierten Kontrollpersonen verglich. Ebenso wie in der schwedischen Studie zeigte sich, daß die Kontaktfähigkeit in der Untersuchungsgruppe schwächer ausgeprägt war.

In einer finnischen Studie von 1966, die in Forschungsdesign und Zielsetzungen und von ihren Dimensionen her einen recht anderen Charakter hatte, wurden 11000 Frauen befragt.[14] Sie waren im sechsten oder siebten Monat schwanger und sollten angeben, ob die Schwangerschaft 1. gewollt, 2. gewollt, aber zeitlich ungelegen oder 3. ungewollt war. Bei den ungewollten Babys war das Risiko einer späteren schizophrenen Störung gegenüber den anderen beiden Gruppen signifikant erhöht. Auch die Schizophrenie läßt sich als eine Störung der Liebesfähigkeit auffassen: Der oder die Betreffende ist von seiner Umgebung wie abgeschnitten.

Interessanterweise wurden diese Studien, die den Langzeiteffekten der emotionalen Verfassung von Schwangeren nachgingen, verlängert oder von mehreren Forschungsteams repliziert. Vielleicht empfindet man sie als politisch korrekter als Studien, die Zusammenhänge mit der Geburt selbst aufdecken.

Zusammenfassung

Wenn wir die Lebensgeschichte von Menschen betrachten, deren Liebesfähigkeit – sei es die Liebe zu sich selbst oder die Liebe zu anderen – in der einen oder anderen Weise gestört ist, gewinnen wir den Eindruck, daß die Liebesfähigkeit in hohem Maße durch frühe Erfahrungen im Mutterleib und in der Geburtsphase bestimmt ist.

5 Die ethnologische Perspektive: Vergleiche zwischen verschiedenen Kulturen

Es wäre ein schweres Versäumnis, bei unserem Überblick über die »wissenschaftlichliche Fundierung der Liebe« die Ethnologie zu übergehen, die uns durch den Vergleich von Kulturen neue Erkenntnisse eröffnet.

Durch die Veröffentlichung von Datenbeständen hat sich die Ethnologie als Wissenschaft etabliert. So können wir heute die einzelnen Befunde zu Schwangerschaft, Entbindung und den ersten Tagen nach der Geburt rasch auffinden und zusammentragen.

Es ist oft darauf hingewiesen worden, daß menschliche Gesellschaften für das Verhalten bei der Entbindung bestimmte Grundmuster vorgeben. Eigentlich ist aber die Feststellung zutreffender, daß jede Kultur auf die eine oder andere Weise störend in die physiologisch vorgegebenen Prozesse der Geburtsphase eingreift. Andererseits ist offensichtlich, daß Kulturen das menschliche Aggressionspotential in jeweils unterschiedliche Richtungen weiterentwickeln und zugleich in unterschiedlich starkem Maße fördern.

Der Beitrag des ethnologischen Ansatzes zur wissenschaftlichen Fundierung der Liebe besteht darin, die Gestaltung von Entbindung und Geburt in verschiedenen Kulturen zu vergleichen und die betreffenden Hauptmerkmale herauszuarbeiten.

Menschliche Kulturen stören die physiologischen Abläufe der Geburt, indem sie das für gebärende Säugetiere typische Bedürfnis nach Rückzug und Intimsphäre mißachten. Sämtliche Säugetiere haben Strategien entwickelt, mit denen sie erreichen, daß sie sich beim Gebären nicht beobachtet fühlen. In vielen Gesellschaften (laut einer Studie von Betsy Lozoff[1] in 62

Prozent) versuchen Geburtsbegleiterinnen oder -begleiter aktiv Einfluß auf die Wehen zu nehmen, indem sie den Unterleib der Schwangeren mit den Händen bearbeiten, ihn massieren oder sogar dagegenklopfen oder den Gebärmutterhals manuell weiten. Auch in den ersten Kontakt zwischen Mutter und Kind greifen die meisten Kulturen störend ein. Die am weitesten verbreitete und findigste Methode besteht einfach darin, die Vorstellung zu propagieren, das Kolostrum, also die Vor- oder Erstmilch, sei unrein, schade dem Kind oder sei gar eine Substanz, die man aus der Brust herauspressen und wegschütten müsse. Halten wir uns in diesem Zusammenhang vor Augen, daß nach Auffassung der modernen Biologie die unmittelbar nach der Geburt verfügbare Erstmilch für das Kind höchst wertvoll ist; machen wir uns außerdem klar, daß das Neugeborene bereits in der ersten Stunde nach der Geburt fähig ist, nach der Brustwarze zu suchen und sie auch zu finden. Die erste Kontaktaufnahme zwischen Mutter und Kind kann auch durch Rituale gestört werden, etwa durch das angeblich notwendige rasche Durchtrennen der Nabelschnur, durch das Baden, Abreiben, feste Einwickeln oder »Einräuchern« des Babys, durch das Einbinden der Füße, das Durchstechen der Ohrläppchen bei Mädchen oder, in kalten Regionen der Erde, das Öffnen der Türen.

Extremhaltungen

Es würde Bände füllen, wenn wir die typischen Formen, in denen viele Kulturen während der sensiblen Phase nach der Entbindung gegen den Schutzinstinkt der Mutter angehen, eingehend untersuchen wollten. Aus einem raschen Überblick über die Daten, die uns zur Verfügung stehen, läßt sich aber ein einfacher Schluß ziehen: Je größer in einer Gesellschaft der Bedarf an Aggressivität und an der Bereitschaft zur Zerstörung von Leben ist, desto massivere und bedrängendere Formen haben die Rituale und Überzeugungen angenommen, mit denen die Geburtsphase strukturiert wird.

Diese Faustregel läßt sich gut veranschaulichen, indem wir Extrembeispiele heranziehen. Das Sparta der griechischen Antike war von einer Kriegerkaste geprägt. Wenn ein Junge zur Welt kam, warf man ihn auf den Boden. Man nahm an, daß ein Junge, der dies überlebte, zu einem guten Krieger heranwachsen würde.

Da störende Eingriffe in den ersten Kontakt zwischen Mutter und Baby oder Vorstellungen von der Unreinheit der Erstmilch derart weit verbreitet sind, dürfte es sich um Verhaltens- und Denkweisen handeln, die einen Überlebensvorteil mit sich bringen.[2] Um also diese auf den ersten Blick widersinnigen Strategien einordnen zu können, müssen wir uns klarmachen, daß Kulturen und Ethnien, die keinen Ackerbau betrieben, bereits im raschen Aussterben begriffen waren, als das Zeitalter anthropologischer Studien anbrach. Das heißt, fast alle im zwanzigsten Jahrhundert von Anthropologen untersuchten Kulturen haben dieselbe grundlegende Überlebensstrategie gemeinsam, nämlich das Erlangen und Ausüben von Kontrolle über die Natur und über andere menschliche Kollektive. Für solche Gesellschaften ist es von Vorteil, die verschiedenen Aspekte der Liebesfähigkeit abzuschwächen und in einem engen Rahmen zu halten. Davon betroffen ist auch die Liebe zur Natur, also die Achtung vor »Mutter Erde«.

Bestätigung für unsere Einschätzung bieten die Forschungen zu mehreren kleinen Ethnien, die keinen Ackerbau betrieben und vor ihrem Aussterben noch untersucht werden konnten. Ihre Überlebensstrategie bestand darin, eine vollkommene Harmonie mit dem umgebenden Ökosystem zu erreichen. Die Liebe zu »Mutter Erde« und die Achtung vor ihr zu kultivieren bedeutete in solchen Gesellschaften also einen Vorteil. Die Entwicklung des menschlichen Aggressionspotentials hatte bei ihnen keinen Vorrang, was sich beispielsweise an den Efé-Pygmäen zeigen läßt, die im Ituri-Wald von Zaire (heute Demokratische Republik Kongo) lebten. Sie hatten ein tief verwurzeltes ökologisches Gespür und insbesondere eine ungeheure Achtung vor Bäumen. Jean Pierre Hallet fand bei ihnen keine Rituale oder Überzeugungen, die störend in den Geburtsvorgang eingegriffen hätten.[3] Wir wissen auch, vor allem dank Melvin Konner[4], vom »Gebären in Abgeschiedenheit und ohne fremde Hilfe« bei den !Kung San, afrikanischen Jägern und Sammlern:

> Spürt eine Frau die ersten Phasen der Wehen, so verliert sie kein Wort darüber; wenn die Geburt dann anscheinend nahe bevorsteht, verläßt sie still das Dorf, geht einige hundert Meter weg und sucht sich einen Platz im Schatten. Sie räumt ihn frei, richtet ein weiches Bett aus Blättern her und bringt ihr Kind in der Hocke oder auf der Seite liegend zur Welt – ganz allein.

Kollektive, deren Überlebensstrategie nicht im Beherrschen der Natur bestand, griffen in die physiologisch gegebenen Abläufe der Geburt offenbar so wenig wie möglich ein.

Die genannten Beobachtungen und Befunde der Ethnologie stützen die Schlußfolgerungen, die wir bislang aus anderen wissenschaftlichen Betrachtungsweisen ziehen konnten. Die These bestätigt sich, daß es eine kurze Zeitspanne um die Geburt herum gibt, die auf das Kind langfristige Auswirkungen hat. Durch den ethnologischen Forschungsansatz kommt auch die Idee der Liebe zur Natur ins Spiel: Die Beziehung zur Mutter und die Beziehung zu »Mutter Erde« scheinen zwei Aspekte desselben Phänomens zu sein.

Die Fundamente unserer Kulturen bröckeln

Das Thema Kulturvergleich bringt uns noch einmal zu der Frage zurück, wie denn Forschung politisch inkorrekt sein kann. Es wird nun klarer, warum man Menschen, deren Name sowohl mit dem Thema Geburt als auch mit dem der menschlichen Liebesfähigkeit verknüpft ist, so viele Steine in den Weg legt: Sie greifen die Fundamente heutiger Kulturen an. Der Erfolg von Ethnien, die sich durchgesetzt haben und nicht ausgestorben sind, beruht wie gesagt auf der Strategie, die verschiedenen Aspekte der Liebesfähigkeit und damit auch die Liebe zur Natur einzudämmen und zu kontrollieren. Vor diesem Hintergrund wird die weitverbreitete Tendenz verständlicher, alle die Menschen kaltzustellen, auszugrenzen oder gar zu verfolgen, die eine Botschaft sowohl über die Liebe als auch über die menschliche Geburt zu verkünden haben.

Drei Meilensteine der Menschheitsgeschichte

Gegenwart

Globalisierung
ökologisches Bewußtsein
wissenschaftliche Fundierung der Liebe

vor 10 000 Jahren

neolithische Revolution
Beherrschung der Natur
Kontrolle über das menschliche Aggressionspotential

vor einer Million Jahren

Homo erectus
Kontrolle über das Feuer

Es lassen sich Parallelen erkennen zwischen heutigen Epidemiologen, die mit ihren Computerdaten das Strukturieren der Geburtsphase durch Rituale, Überzeugungen und Konventionen in einem neuen Licht erscheinen lassen, und Wilhelm Reich, einem Erforscher der menschlichen Natur, der seiner Zeit weit voraus war, als er schrieb: »Das Interesse am Wohlergehen des Neugeborenen [...] wird sich als eine Macht von ungeheurem Ausmaß erweisen, stärker als alles, was der böse Mensch je zum Zwecke der Tötung des Lebens erfunden hat.« Diese Sorge um die Kinder war in seinen Augen die Voraussetzung dafür, daß die menschliche Kultur und Zivilisation überhaupt erst beginnen kann.[5] Wilhelm Reich starb im Gefängnis. Seine Auffassungen haben einige Ähnlichkeit mit denen von Frederick Leboyer, der in poetischer Sprache über die Geburt und über den Nachhall dieses verstörenden Erlebnisses in unserem Leben schrieb: »Sind wir wirklich so naiv zu meinen, daß eine solche Katastrophe keine Spuren hinterläßt? Dabei findet man sie überall. [...] in den Alpträumen, im Wahnsinn, in unseren Wahnsinnstaten: Folter und Gefängnis. Die Mythen, die heiligen Schriften erzählen von nichts anderem als von dieser tragischen Odyssee.«[6] Zur Leboyer-»Methode« verwässert, ist seine Botschaft dann jedoch nivelliert worden.

In dieselbe Richtung gehen die Ideen und Vorstellungen, die in der Legende von Jesus enthalten sind. Jesus als den zu zeigen, der in einem Stall zwischen Säugetieren geboren wurde und später die Botschaft der Liebe verkündete, ist nicht sehr gebräuchlich. Die symbolische Kraft, die in der Erzählung von seiner Geburt steckt, wird seit zwei Jahrtausenden niedergehalten.

Die ethnologische Sichtweise macht uns darauf aufmerksam, daß am Ende des zweiten Jahrtausends nur diejenigen Gesellschaften übriggeblieben sind, die ihre Fähigkeit, über die Natur und über andere menschliche Kollektive Macht auszuüben, mit Erfolg erschlossen und ausgebaut haben. Alle anderen Spielarten menschlicher Kultur sind verschwunden. An diesem Punkt unserer Geschichte wird uns bewußt, wie dringend notwendig es ist, daß wir Achtung vor »Mutter Erde« entwickeln und auch die anderen Facetten unserer Liebesfähigkeit stärken und ausgestalten. Die Menschheit ist an einem Wendepunkt angelangt, denn alle unsere eingefleischten Überzeugungen und Rituale, mit denen wir die menschliche Geburt umgeben haben, büßen ihren Überlebensvorteil ein.

Da wir nun in die Epoche des ökologischen Bewußtseins und der wissenschaftlichen Fundierung der Liebe eingetreten sind, muß und kann die Menschheit zu neuen Überlebensstrategien übergehen.

Zusammenfassung

In den meisten bekannten Gesellschaften war es bislang von Vorteil, die verschiedenen Aspekte der Liebesfähigkeit, darunter auch die Liebe zur Natur, abzuschwächen und unter Kontrolle zu halten und demgegenüber das menschliche Aggressionspotential zu entfalten und zu verstärken. Je größer der gesellschaftliche Bedarf an Aggressivität und an Bereitschaft zur Lebenszerstörung wurde, desto massiver und einschneidender wurden auch die Rituale und Überzeugungen, mit denen die menschlichen Kulturen störend auf die Geburtsphase einwirkten.

6 *Eine Neugeburt der Geburt*

Nachdem wir die größten Bruchstücke des zersplitterten Spiegels zusammengetragen haben, steht außer Zweifel, daß unsere Liebesfähigkeit in hohem Maße durch frühe Erfahrungen geprägt ist und weitgehend vom Verlauf der Geburtsphase abhängt. Wir haben eine Reihe von ernsten Einwänden gegen das vorherrschende Bild von der menschlichen Geburt zusammengetragen. Aus diesem Grund möchte ich, ehe wir uns auf die kleineren und schwerer einzuordnenden Bruchstücke des Spiegels konzentrieren, einen kurzen Überblick über die Physiologie der Geburt geben.

Die Bedeutung des Begriffs »physiologisch«

Wir sollten die Begriffe »physiologisch« und »normal« klar auseinanderhalten. Eine Einstellung oder eine Verhaltensweise kann in dem einen Land als »normal« gelten und in dem anderen nicht. Auch der Begriff »physiologisch« bedeutet nicht, daß etwas »so und nicht anders« sein muß. Der »physiologische Ablauf« ist vielmehr ein Bezugspunkt, von dem wir uns besser nicht zu weit entfernen. Denn wenn die Abweichung ein gewisses Maß übersteigt, treten pathologische Nebenwirkungen auf. Und falls wir uns doch einmal sehr weit vom physiologischen Bezugspunkt entfernen müssen, sollten wir uns stets über den Grad der Abweichung bewußt sein. Physiologen untersuchen, wie die Körperfunktionen des Menschen auf der ganzen Welt und in allen Kulturen normalerweise ablaufen. Nachdem es in menschlichen Gesellschaften jahrtausendelang gang und gäbe war, in die Physiologie des Geburtsvorgangs einzugreifen und sie zu stören, ist es mehr denn je notwendig, zu unseren Wurzeln zurückzugehen.

In den 60er Jahren begann ich ein klareres Bild von den physiologischen Abläufen der Geburt zu gewinnen. Bei langen und schwierigen Wehen setzten wir manchmal ein neues Medikament ein, das GHB (Gamma-Hydroxy-Butyrat). Diese Substanz ist der Hirnsubstanz GABA (Gamma-Aminobuttersäure) recht ähnlich, von der wir mittlerweile wissen, daß sie die chemische Reizübertragung zwischen den Hirnzellen blockiert. Bei den Frauen, die GHB bekamen, wurde die Aktivität des Hirnteiles herabgesetzt, den wir den rationalen nennen können. Sie waren unruhig und agitiert, schrien und benahmen sich, als würden sie träumen ... woraufhin die Entbindung unglaublich schnell und unkompliziert verlief. Die Arzneimittelfirma gab an, GHB habe eine »oxytozinartige Wirkung«, insofern es die Gebärmutterkontraktionen während der Wehen anrege. Mir wurde jedoch klar, daß wir hier ein anderes Phänomen vor uns hatten und daß es schien, als sei eine Bremse gelöst und mit einem Mal eine Woge von Hormonen freigesetzt worden. Das hemmungslose Schreien und Verhalten der Frauen galt in der Kliniksituation selbstverständlich als inakzeptabel, und außerdem lagen zu wenige Daten über mögliche Nebenwirkungen des GHB vor. Aus diesen und vielen anderen Gründen blieben die Einsichten in die Wirkungen von GHB bruchstückhaft, doch durch die Einzelfälle, die ich mitbekam, begann ich den Geburtsprozeß besser zu verstehen.

In der Sprache der modernen Physiologie läßt sich durchaus klar beschreiben, was beim Gebären geschieht.

In der Sprache der Physiologie

Um gebären zu können, muß die Schwangere einen bestimmten Cocktail von Hormonen ausschütten. Die Namen all dieser Hormone (zu Oxytozin kommen noch Endorphine, Prolaktin, ACTH, Katecholamine usw. hinzu) sollen uns hier nicht weiter beschäftigen. Wesentlich für uns ist, daß sie alle in derselben Drüse gebildet werden – dem Gehirn. Die althergebrachte strenge Aufteilung in Nervensystem und endokrines System ist heute obsolet. Es gibt nur ein einziges, übergreifendes Netzwerk, und das Gehirn ist auch eine endokrine Drüse. Allerdings ist nicht das gesamte Gehirn als endokrine Drüse tätig, sondern nur der tiefste, stammesgeschichtlich älteste Teil. Wir könnten sagen, daß während der Wehen die aktivste Körperregion der Frau ihr archaisches Gehirn ist – jene sehr alten Hirnstrukturen (Hypothalamus, Hirnanhangdrüse, usw.), die wir mit allen anderen Säugetieren gemeinsam haben. Mit neueren Forschungsbefunden läßt sich auch belegen, daß mögliche hemmende Einflüsse auf den Geburtsvorgang (oder auf jeden anderen Aspekt des Sexuallebens) stets von jenem anderen Hirnteil ausgehen, der bei Menschen so hoch entwickelt ist – dem Neokortex, dem stammesgeschichtlich jüngsten Teil der Großhirnrinde.

Die Physiologie hält auch eine Erklärung für ein Phänomen bereit, das Hebammen und manchen Müttern vertraut ist – zumindest denen unter ihnen, die nicht-reglementierte Entbindungen ohne Medikamente erlebt haben. Im Verlauf der Entbindung gibt es eine Phase, in der die Mutter sich verhält, als sei sie »auf einem anderen Planeten«. Sie kapselt sich von unserer Alltagswelt ab und begibt sich auf eine Art innere Reise. Dieser Wechsel des Bewußtseinszustands läßt sich als eine Drosselung der neokortikalen Aktivität deuten. Geburtsbegleiterinnen und -begleiter, die sich über diesen Kernaspekt der Geburtsphysiologie im klaren sind, würden niemals den unsinnigen Versuch unternehmen, die Gebärende »zur Besinnung zu bringen«. Ihnen würde unmittelbar einleuchten, daß jede Stimulation des Neokortex und insbesondere jedes Ansprechen des Verstandes den Wehenverlauf stören kann.

Dem Verstand eine Pause gönnen

Unter praktischen Gesichtspunkten ist es sinnvoll, zu rekapitulieren, welche Faktoren bekanntermaßen den Neokortex des Menschen stimulieren. Sprache, inbesondere vernunftbestimmte Sprache, ist einer dieser Faktoren. Stellen Sie sich eine Frau vor, die mitten in den Wehen und bereits »auf einem anderen Planeten« ist. Sie wagt es, laut zu schreien und Dinge zu tun, die sie sich ansonsten nie trauen würde; sie hat vergessen, was sie über das Gebären gelernt oder in Büchern gelesen hat. Sie ist daher in keiner Weise darauf eingestellt, jemandem Antwort geben zu müssen, der ins Zimmer kommt und sie nach ihrer Postleitzahl fragt! Helles Licht ist ein weiterer Reiz, der den Neokortex anspricht. EEG-Experten wissen, daß optische Reize den Kurvenverlauf eines Elektroenzephalogramms verändern können.

Auch das Empfinden, beobachtet zu werden, aktiviert den Neokortex. Man hat solche physiologischen Reaktionen auf die Gegenwart eines Beobachters experimentell untersucht. Ohnehin ist uns allen klar, daß wir uns anders fühlen, wenn wir uns beobachtet wissen. Mit anderen Worten, der Rückzug in eine Intimsphäre lockert die Verhaltenszensur und -kontrolle durch den Neokortex. Die nichtmenschlichen Säugetiere, deren Neokortex ja weniger entwickelt als der unsere ist, verfügen alle über eine Strategie, um ihre Jungen in Abgeschiedenheit zur Welt bringen zu können – diejenigen Tiere, die normalerweise nachtaktiv sind, zum Beispiel Ratten, werfen in der Regel am

Tag, während tagaktive Tiere, zum Beispiel Pferde, ihre Jungen meist nachts bekommen. Ziegen sondern sich von der Herde ab, und wilde Bergziegen suchen zum Jungen die unzugänglichsten Stellen auf. Auch unsere engen Verwandten, die Schimpansen, sondern sich zum Gebären von ihrer Gruppe ab.

Jede Situation, die geeignet ist, die Ausschüttung von Hormonen aus der Adrenalinfamilie in Gang zu setzen, spricht den Neokortex an und hemmt und stört folglich den Geburtsvorgang. Das heißt, eine Frau in den Wehen braucht zuerst das Gefühl der Sicherheit. Es ist eine Voraussetzung für den Wechsel der Bewußtseinsebene, der für das Gebären typisch ist. In allen Epochen und überall auf der Welt haben Frauen ähnliche Strategien verfolgt, um sich beim Gebären sicher und geborgen zu fühlen und auf diese Weise den Adrenalinspiegel so lange wie möglich niedrig halten zu können. Sie haben sich vergewissert, daß ihre Mutter verfügbar war oder eine Frau aus der Großfamilie, die die Rolle der Mutter übernehmen konnte, oder aber eine mütterliche und erfahrene Frau aus dem weiteren sozialen Umfeld – eine Frau also, die ihre Mutter ersetzen konnte, das heißt eine Hebamme.

Wenn wir uns die Säugetiere insgesamt anschauen, wird uns klar, daß es einen Überlebensvorteil für die jeweilige Spezies bedeutet, daß die Wehen nicht einsetzen können, solange das Muttertier sich gefährdet fühlt (nötigenfalls ist es in der Lage, sich zur Wehr zu setzen oder vor einem Raubtier zu fliehen). Ein niedriger Adrenalinspiegel ist Bedingung dafür, daß die eigentlichen Wehen beginnen können und daß die Anfangsphase der Entbindung ohne Komplikationen verläuft. Aufs Ganze gesehen ist die Rolle des Adrenalins allerdings komplexer, denn in den Minuten unmittelbar vor der Geburt setzt eine gewaltige Hormonausschüttung ein, zu der auch ein Adrenalinstoß gehört.

Bei manchen Frauen erreichen die Hormonspiegel derartige

Spitzenwerte, und die Aktivität des Neokortex ist derart reduziert, daß sie die letzten Sekunden der Entbindung mit einem Orgasmus vergleichen. In den frühen 80er Jahren besuchte die bekannte BBC-Moderatorin Esther Rantzen unser Krankenhaus in Frankreich. Während ihres Besuchs brachte eine Frau ihr erstes Kind zur Welt (eine Steißfußlagen-Geburt). Eine Stunde danach fragte die Moderatorin die junge Mutter, was sie bei der Ankunft des Babys empfunden habe. Sie antwortete spontan: »Es war wie ein Orgasmus.« In Großbritannien sah ein Millionenpublikum die Sendung.

Ein kulturbedingtes Mißverständnis

Die Erkenntnisse der Physiologie machen deutlich, in welchem kollektiven Mißverständnis des Geburtsprozesses unsere Kultur derzeit befangen ist. Die vorherrschende Verwirrung läßt sich beispielsweise an dem Vokabular ablesen, das in medizinischen Lehrbüchern benutzt wird. Wenn dort das Wort »Wehen« fällt, ist es meistens mit dem Begriff »Management« (im Sinne einer Steuerung oder Handhabung) verknüpft. Doch wie soll es möglich sein, einen unwillkürlichen Prozeß zu steuern? Auch in Büchern, die sich an ein Laienpublikum richten, ist die Sprache oft verräterisch. Zum Beispiel zeigen die Bezeichnungen für die Geburtsbegleiterin oder den Geburtsbegleiter, daß der Geburtsvorgang und die eigentliche Rolle der Hebamme meist falsch verstanden werden. Wenn wir uns die Physiologie des Geburtsvorgangs vor Augen halten, liegt es auf der Hand, daß eine Frau in den Wehen vor allem das Gefühl der Sicherheit braucht und daß die Hebamme ursprünglich eine Beschützerin ist, eine Mutterfigur – denn die Mutter ist das Urbild des Menschen, bei dem wir uns sicher fühlen. Die Bezeichnungen aber, die heute für die Geburtsbegleiterin üblich sind – vor allem in den USA, wo es nach langer Zeit nun wieder Hebammen gibt –, sind ganz offensichtlich unangemessen. Denn viele dieser Benennungen suggerieren, die Geburtsbegleiterin müsse der Gebärenden aktiv helfen oder sie anleiten. Dieses tiefgreifende Mißverständnis der Geburtsphysiologie wird etwa an der in den USA beliebten Bezeichnung »Coach« deutlich. Die irreführendste Vorstellung in diesem Zusammenhang ist, daß die Gebärende »Unterstützung« brauche[1], so als könne sie das Kind nur zur Welt bringen, wenn ihr jemand anders irgendeine Form von Energie zuführt. Ich möchte einen Vergleich heranziehen, um deutlich zu machen, wie deplaziert der Begriff »Unterstützung« hier in meinen Augen ist. Stellen Sie sich einen kleinen Jungen vor, der nur einschlafen kann, wenn seine Mama bei ihm ist. Nie würden Sie diese Situation so beschreiben, daß die Mutter ihm »Unterstützung« beim Einschlafen gibt. Das Einschlafen setzt vielmehr, ebenso wie das Gebären, ein Gefühl der Sicherheit voraus, damit die Aktivität des Verstandes gedrosselt wird, und ist ein Prozeß, der sich nicht von außen steuern oder »managen« läßt.

Wie weitverbreitet irrige Auffassungen von der Geburtsphysiologie sind, läßt sich auch an der Überraschung ablesen, mit der viele Ärzte auf eine Reihe statistischer Befunde reagierten: In einem Dutzend seriöser Studien wurden die Risiken und Vorteile gegeneinander abgewogen, die sich ergeben, wenn man den Fötus während der Wehen entweder fortlaufend elektronisch überwacht oder nur ab und zu seine Herztöne abhört. In allen diesen Untersuchungen gelangten die Forscher zu dem übereinstimmenden Schluß, daß statistisch gesehen der einzige durchgängige und signifikante Effekt der elektronischen Überwachung darin besteht, den Anteil der Kaiserschnittgeburten zu steigern. Anfangs reagierten Ärzte auf diesen Befund mit dem Hinweis, man müsse unbedingt ein neues Verfahren entwikkeln, um den Kurvenverlauf der elektronischen Signale korrekt interpretieren zu können; häufig war die Forderung zu hören, die Geburtsbegleiterinnen müßten eine stärker wissenschaftlich orientierte Ausbildung erhalten. Später konzentrierte sich die Diskussion auf die angebliche Notwendigkeit, differenziertere Techniken der kontinuierlichen elektronischen Überwachung zu erarbeiten. Fachleute, die der gängigen falschen Auffassung von der Geburtsphysiologie anhängen, verspüren begreiflicherweise wenig Neigung, das Prinzip der kontinuierlichen Überwachung in Zweifel zu ziehen. Sie können sich auch nicht vorstellen, daß eine Geburt schwieriger und deshalb gefährlicher wird, wenn eine Frau die beständige Überwachung ihrer Körperfunktionen mitbekommt, so daß ihr Neokortex aktiviert wird. Mit anderen Worten, die elektronische Überwachung des Fötus eignet sich durchaus dafür, bestimmte Notsituationen sofort zu erkennen, doch sie stellt zugleich eine Belastung für den Fötus dar, so daß die Risiken der Methode ihren Nutzen überwiegen.

Bei diesem Überblick über die Geburtsphysiologie muß ich die Sachverhalte zwangsläufig stark verkürzt darstellen, und ich tue das auch ganz bewußt. Ich stütze mich zum einen auf wissenschaftlich nachgewiesene Tatsachen, zum anderen auf Erfahrungswissen. Die hemmenden Effekte von Adrenalin zum Beispiel lassen sich als wissenschaftlich erwiesen betrachten[2], während wir aus Erfahrung wissen, was geschieht, wenn man eine Frau in den Wehen nach ihrer Postleitzahl fragt. Die Unterscheidung zwischen entwicklungsgeschichtlich neuen und alten Gehirnteilen ist eine Vereinfachung, durch die wir uns hier aber auf das Wesentliche konzentrieren können. Wenn es eine nichtinvasive Methode gäbe, die Hirntätigkeit einer Frau in den Wehen aufzuzeichnen, würden uns wohl einige Überraschungen erwarten.

Zusammenfassung

Ein Überblick über die physiologischen Zusammenhänge verhilft uns zu einem klareren Bild vom Geburtsvorgang. Bei einer Gebärenden ist der primitive Teil des Gehirns aktiv; er fungiert als Drüse und setzt Hormone frei. Stockungen und Störungen des Geburtsverlaufs haben ihren Ursprung in dem Hirnteil, der bei Menschen besonders hoch entwickelt ist – im Neokortex. Aus praktischer Sicht ist eine Herabsetzung der neokortikalen Aktivität – Gebärende wirken, als seien sie »auf einem anderen Planeten« – ein höchst wichtiger Aspekt der Geburtsphysiologie. Jedes Anregen des Neokortex – die Gebärende auf verstandesbetonte Dinge ansprechen, sie mit grellem Licht umgeben, ihr das Gefühl des Beobachtetseins und der Schutzlosigkeit vermitteln oder auf andere Weise die Ausschüttung von Adrenalin anstoßen – behindert den Geburtsverlauf.

7 *Ein ganzheitliches Bild der Sexualität*

In der heutigen Wissenschaft lassen sich die Aspekte des menschlichen Lebens, die für den Erhalt unserer Art unerläßlich sind, nicht mehr künstlich voneinander trennen. An allen diesen Aspekten sind dieselben Hormone beteiligt, und die jeweiligen Verhaltensmuster weisen untereinander Ähnlichkeiten auf. Geschlechtsverkehr, Entbindung und Stillen können von denselben neokortikalen Zentren – nennen wir sie neokortikale Bremsen – gestört und behindert werden. Mit anderen Worten, die moderne Physiologie legt einen ganzheitlichen Blick auf die Sexualität nahe.

Noch einmal: Die Hormone der Liebe

Oxytozin ist eines der wesentlichen Hormone, die an einer ganzen Reihe von Aspekten der männlichen und weiblichen Sexualität beteiligt sind. Es wird von einer archaischen Hirnstruktur namens Hypothalamus abgesondert, in der hinteren Hirnanhangdrüse bereitgehalten und unter bestimmten Umständen rasch und in einem diskontinuierlichen Rhythmus in den Blutkreislauf abgegeben.

In Kapitel 3 haben wir das Oxytozin zunächst als ein Hormon beschrieben, das in der Stunde nach der Entbindung mütterliches Verhalten auslösen kann. Es wird aber auch beim Geschlechtsverkehr von beiden Partnern ausgeschüttet. Seine Rolle bei der sexuellen Erregung und beim Orgasmus ist erst in jüngster Zeit eingehender untersucht worden. Natürlich hat man zahllose entsprechende Experimente bei Ratten und anderen Tieren durchgeführt.[1,2] Zum Beispiel beginnen Haushühner oder Tauben, wenn man ihnen Oxytozin injiziert, in der Regel zu tänzeln und packen einander am Kamm, und innerhalb einer Minute nach der Injektion kommt es zum Besteigen und zur Begattung. Schon seit Jahrzehnten setzt man Oxytozin ein, um Tiere in Gefangenschaft zur Paarung zu bringen. Mittlerweile liegen aber auch Studien zum Oxytozinspiegel beim Menschen während des Orgasmus vor. Das Team um Marie Carmichael an der kalifornischen Stanford University bestimmte die Oxytozinspiegel in Blutproben, die Männern und Frauen während Masturbation und Orgasmus mittels eines venösen Verweilkatheters in regelmäßigen Abständen abgenommen wurden.[3] Der Oxytozinspiegel während der Masturbation war bei Frauen höher als bei Männern. Außerdem war er in der zweiten Phase des Menstruationszyklus höher als in der ersten. Auch beim Orgasmus lag der Oxytozinspiegel der Frauen höher als bei Männern, und Frauen mit mehreren Orgasmen erreichten während des zweiten Orgasmus einen höheren Wert als beim ersten.

Bei der Fortpflanzung spielt Oxytozin eine wesentliche Rolle. Beim Mann ist es während des Orgasmus daran beteiligt, die Kontraktionen der Prostata und der Samenblasen auszulösen.[4] Beim Orgasmus der Frau setzt die Ausschüttung des Oxytozin sofort Kontraktionen der Gebärmutter in Gang, die helfen, das Sperma zur Eizelle hinzubefördern. Zwei US-amerikanische Chirurgen entdeckten dies bereits 1961 während einer gynäkologischen Operation.[5] Bevor sie das Abdomen eröffneten, plazierten sie Kohlenstoffpartikel in die Vagina der Patientin, nahe beim Gebärmutterhals, und injizierten ihr zugleich Oxytozin. Später fanden sie Kohlenstoffpartikel in den Eileitern.

Aus diesen wissenschaftlichen Befunden ergibt sich ein völlig neues Bild des weiblichen Orgasmus. Anthropologen wie Margaret Mead[6] und Donald Symons haben dargelegt, daß viele Gesellschaften den weiblichen Orgasmus vollkommen ignorieren. Als Erklärung schlugen sie vor, daß der weibliche Orgasmus für die Fortpflanzung keine Funktion erfülle. Auch Wilhelm

Reich fiel es zu jener Zeit schwer, zu bestimmen, welche Funktion der weibliche Orgasmus für die Fortpflanzung hat.[7]

Wir wissen mittlerweile auch mehr über die Ausschüttung von Oxytozin während des Stillens. Vor kurzem hat man nachgewiesen, daß der Oxytozinspiegel der Mutter steigt, sobald sie die Hungersignale ihres Babys empfängt[8]; dieses Phänomen weist Parallelen auf zur sexuellen Erregung, die oft schon vor dem ersten Hautkontakt einsetzt. Wenn das Baby trinkt, ist der Oxytozinspiegel der Mutter ungefähr so hoch wie während eines Orgasmus – eine weitere Querverbindung zwischen diesen beiden Aspekten unseres Sexuallebens.[9]

Bei Ultraschalluntersuchungen hat man festgestellt, daß Jungen manchmal schon ab der 27. Schwangerschaftswoche häufig eine Erektion haben, während sie am Daumen lutschen.[10] Das bedeutet, daß sie bereits in der Lage sind, Oxytozin auszuschütten. Der Fötus trägt auch, indem er sein eigenes Oxytozin ausschüttet, zum Einsetzen der Wehen bei. Es scheint also, als würden Menschen sich schon sehr früh darin üben, ihr Hormon der Liebe freizusetzen.

Wenn wir nun hinzunehmen, daß wie oben erwähnt auch das gemeinsame Essen mit anderen unseren Oxytozinspiegel ansteigen läßt, dann ist der Schluß nicht von der Hand zu weisen, daß wir es mit einem altruistischen Hormon, einem Hormon der Liebe zu tun haben.[11]

Die Untersuchung der typischen Muster, in denen Oxytozin ausgeschüttet wird, scheint ein vielversprechender Forschungsansatz zu sein. Die Wirkung des Oxytozins ist offenbar stärker, wenn es in einem Rhythmus von rasch aufeinanderfolgenden Pulswellen freigesetzt wird. Dieses rhythmische Muster der Oxytozinausschüttung ist mittlerweile meßbar. Ein schwedisches Team untersuchte die Oxytozinausschüttung bei Müttern, die zwei Tage nach der Geburt ihr Baby stillten, und fand heraus, daß das Pulsen weniger ausgeprägt war, wenn es sich nicht um eine spontane vaginale Entbindung gehandelt hatte, sondern das Kind unter Notfallbedingungen durch Kaiserschnitt zur Welt gekommen war.[12] Außerdem ergab sich eine Korrelation zwischen dem Muster, in dem Oxytozin zwei Tage nach der Geburt ausgeschüttet wurde, und dem Alter des Kindes, bis zu dem die Mutter es stillte. Dies ist ein eindrucksvolles Beispiel dafür, wie viele Querverbindungen zwischen der Physiologie der Geburt und der Physiologie des Stillens bestehen.

Das Hormon der Liebe ist stets in ein komplexes hormonelles Gleichgewicht eingebunden. Bei einer raschen Ausschüttung von Oxytozin kann das Liebesbedürfnis in verschiedene Richtungen gelenkt werden, je nachdem, welche Hormone gerade im Spiel und wie sie gegeneinander ausbalanciert sind. Dies ist der Grund dafür, daß es verschiedene Formen der Liebe gibt. Wenn der Prolaktinspiegel hoch ist, geht die Tendenz dahin, daß die Effekte des Hormons der Liebe sich auf ein Baby richten. Prolaktin ist gut erforscht als das Hormon, das die Milchbildung einleitet und in Gang hält. Evolutionsgeschichtlich gesehen ist es ein sehr altes Hormon, und je nach Spezies kann es bei der Sorge um den Nachwuchs den verschiedensten Funktionen dienen, vom Nestbau bis hin zu dem aggressiven Verteidigungsverhalten, wie es für stillende Mütter typisch ist.[13,14]

Prolaktin ist nicht nur das Hormon, das mütterliches Verhalten auslöst, sondern bewirkt auch eine Verringerung des sexuellen Verlangens und der Empfängnisbereitschaft. Säugetierweibchen sprechen, um es allgemeiner auszudrücken, in der Phase des Säugens nicht auf Männchen an. Ihre Liebesfähigkeit ist fast ausschließlich auf die Jungen gerichtet. In den meisten bekannten traditionellen Gesellschaften wurden Babys erst nach mehreren Jahren entwöhnt, und Stillen und Geschlechtsverkehr galten als nicht miteinander vereinbar. Erst in der jüngeren Menschheitsgeschichte, seit die strikte lebenslange Monogamie zur Norm erhoben wurde, kam die Erwartung auf, daß Frauen schon bald nach der Entbindung wieder sexuell aktiv werden, und die Tendenz geht dahin, die Stillphase zu verkürzen oder die Muttermilch durch andere Substanzen zu ersetzen. Die Dauer der Stillphase und die Familienstrukturen einer Gesellschaft sind zwei Phänomene, die in enger Wechselbeziehung zueinander stehen.

Elterliche Liebe ist mit einem hohen Prolaktinspiegel verknüpft, während die genitale Liebe mit einem niedrigen Prolaktinspiegel einhergeht. Beim dominanten – und sexuell aktivsten – Männchen einer Primatengruppe ist der Prolaktinspiegel am niedrigsten, während er bei den ihm untergeordneten Männchen höher liegt, so daß ihr sexuelles Verlangen gedämpft ist.

Ein Belohnungssystem

Oxytozin ist nicht das einzige Hormon, das sämtliche Aspekte unseres Sexuallebens beeinflußt. Während Oxytozin altruistisches Verhalten anregt und Prolaktin mütterliches, bilden Endorphine unser Belohnungssystem. Jedesmal wenn Säugetiere etwas tun, das dem Überleben der Art dient, wird durch die Freisetzung dieser morphinähnlichen Substanzen das Verhalten belohnt.[15] Sie sind sowohl Hormone der Lust als auch natürliche, körpereigene Schmerzmittel. Die Weibchen sämtlicher Säugetiere schützen sich während des Geburtsvorgangs, indem sie ihren Endorphinspiegel ansteigen lassen. Dies ist der Beginn einer langen Kettenreaktion; unter anderem wird durch Beta-Endorphine die Ausschüttung von Prolaktin angeregt[16,17]. Mit anderen Worten, wir können die Geburt und das Einsetzen der Milchbildung nicht als voneinander unabhängige Phänomene behandeln. Außerdem ist Prolaktin eines der Hormone, das beim Baby die Reifung der Lungen zum Abschluß bringt.

Weiter oben habe ich erwähnt, daß auch der Fötus während des Geburtsvorgangs seinen Endorphinspiegel ansteigen läßt, so daß in den Minuten nach der Geburt sowohl die Mutter als auch das Kind noch unter der Einwirkung von Opiaten stehen. Dies ist der Beginn einer gegenseitigen »Abhängigkeit« – einer intensiven und engen wechselseitigen Bindung.

Auch die Kopulation ist natürlich ein für das Überleben der Art notwendiger Vorgang. Man hat bei verschiedenen Säugetierarten eingehend die Endorphine untersucht, die bei der Kopulation freigesetzt werden. Zum Beispiel hat man festgestellt, daß der Spiegel der Beta-Endorphine im Blut von Hamster-Männchen nach ihrer fünften Ejakulation 86mal so hoch ist wie bei Kontrolltieren. Einfach gesagt besteht der Anreiz zum Liebesakt für Säugetiere darin, daß sie durch Lustempfindungen belohnt werden.

Auch menschliche Sexualpartner schütten beim Geschlechtsverkehr vermehrt Endorphine aus. Manche Menschen, die unter Migräne leiden, wissen genau, daß Geschlechtsverkehr ein natürliches Mittel gegen ihre Kopfschmerzen ist. Es dürfte wohl unmittelbar einleuchten, daß die Sexualpartner, die einander körperlich nahe und von Opiaten überschwemmt sind, dabei eine Art Abhängigkeit entwickeln, die der Bindung zwischen Mutter und Baby ähnelt. Wenn wir die geschlechtliche Liebe betrachten, sind die Parallelen zur Geburtsphase also unübersehbar.

Da für das Überleben von Säugetieren außerdem die Milchbildung unerläßlich ist, verwundert es nicht, daß dasselbe Belohnungssystem daran beteiligt ist. Wenn eine Frau ihr Kind stillt, erreicht der Spiegel ihrer Beta-Endorphine nach 20 Minuten den Höhepunkt. Auch das Kind wird belohnt, denn über die Muttermilch nimmt es Endorphine auf. Aus diesem Grund wirken Babys nach dem Stillen manchmal, als seien sie in Ekstase.

Ähnliche physiologische »Bremsmechanismen«

Ein weiteres verbindendes Element unter den verschiedenen Aspekten unseres Sexuallebens ist der hemmende Einfluß von Hormonen aus der Adrenalinfamilie. Diese Hormone mobilisieren Energien, so daß wir uns durch Kampf oder Weglaufen schützen können. Damit die Spezies überleben kann, haben bestimmte Abläufe Vorrang vor anderen, und so kommen die Wehen zum Stillstand, wenn die Mutter sich ängstigt. Menschen können nicht miteinander schlafen, wenn ihr Haus in Flammen steht, und jeder Bauer weiß, daß eine verschreckte Kuh keine Milch gibt. Allgemeiner gesprochen können die Bremsmechanismen, die von den hemmenden Zentren des Neokortex ausgehen, in sämtlichen Bereichen des Sexuallebens wirksam werden. Hier sind die Ursachen von Schwierigkeiten zu suchen, die für viele menschliche Gesellschaften typisch sind: von Blockaden des Geschlechtstriebes, von Geburtskomplikationen und von Schwierigkeiten beim Stillen. Auch bei anderen Säugetieren – insbesondere bei den Primaten – gibt es kortikale Bremsmechanismen, deren Wirkung allerdings nicht ganz so durchschlagend ist wie bei uns. Im Jahr 1939 veröffentlichte ein Team aus Chicago eine Studie zu chirurgischen Eingriffen bei männlichen Affen. (Die heutigen tierethischen Richtlinien würden derartige Operationen nicht mehr zulassen.) Man entfernte die Temporallappen der Affen und stellte fest, daß sie drei bis sechs Monate nach der Operation einen »überstarken Sexualtrieb« aufwiesen, und zwar nicht nur in Anwesenheit anderer Affen, sondern auch, wenn sie allein waren.[18]

Ähnliche sequentielle Strukturen

An den verschiedenen Aspekten und Geschehnissen des Sexuallebens sind nicht nur immer wieder dieselben Hormone beteiligt, sondern auch die Grundstrukturen und typischen Abläufe wiederholen sich. In der Schlußphase jedes sexuellen Geschehens setzt stets ein »Ejektionsreflex« ein, und daß es hier starke Parallelen gibt, ist an Bezeichnungen wie »Sperma-Ejektionsreflex«, »Fötus-Ejektionsreflex« und »Milch-Ejektionsreflex« klar abzulesen. Ich habe den Begriff »Fötus-Ejektionsreflex« (den der US-amerikanische Wissenschaftler Niles Newton mit Blick auf nichtmenschliche Säugetiere geprägt hat) übernommen, um damit beim Menschen die allerletzten Kontraktionen der Gebärmutter zu bezeichnen, die bei der Entbindung einsetzen, falls sie ohne störende Eingriffe von außen ablaufen kann.[19,20] Diese sehr kurze Phase starker und wirkungsvoller Kontraktionen wird paradoxerweise von einem Adrenalinstoß begleitet, so daß die Mutter unmittelbar nach der Entbindung im allgemeinen hellwach ist. In den Kreißsälen heutiger Kliniken ist besagter Reflex so gut wie unbekannt, und selbst bei Hausgeburten wird er oft dadurch beeinträchtigt, daß eine Person dabei ist, die sich als »Coach«, »Guide«, »Helferin«, »Betreuerin« oder »Beobachterin« versteht.

Sexualität: Eine Interaktion zwischen zweien

Ein weiteres gemeinsames Element der verschiedenen Aspekte des Sexuallebens betrifft die Kernfamilie und muß hier eigens hervorgehoben werden, weil es heute nicht mehr als selbstverständlich gilt. Wenn wir die Säugetiere oder auch Menschen in anderen Kulturen betrachten, ist diese Gemeinsamkeit augenfällig. Ich will darauf hinaus, daß jedes sexuelle Geschehen, das der Arterhaltung dient, eine Interaktion zwischen nur zwei Individuen ist. So ist der Geschlechtsverkehr zumindest aus physiologischer Sicht zweifellos ein Geschehen zwischen nur zwei Partnern. Und eigentlich scheint ebenso unbestreitbar zu sein, daß das Stillen eine Interaktion zwischen Mutter und Baby ist. Doch weil in unserer Zeit Mütter zunehmend die Möglichkeit haben, berufstätig zu sein und Karriere zu machen, und weil wir Milchpräparate zur Verfügung haben, die die Muttermilch weitgehend nachahmen, ist die Idee aufgekommen, daß in Zukunft Mutter und Vater gleichermaßen am Füttern des Babys beteiligt sein sollen. Die Theorien und Bestrebungen, die in diese Richtung zielen, entspringen einer neuartigen und ungewohnten gesellschaftlichen Konstellation, doch sie gehen an der menschlichen Physiologie vorbei. Denn wenn wir das gesamte Geburtsgeschehen aus physiologischer Perspektive betrachten, scheint offenkundig zu sein, daß auch hier nur zwei Individuen in direkte Interaktion miteinander treten. Der Fötus ist an der Einleitung der Wehen beteiligt, indem er chemische Botschaften aussendet (die insbesondere von seinen schon weitgehend ausgereiften Lungen und Nieren ausgehen) und so bei der Mutter die Synthese der passenden Prostaglandine auslöst. Im Verlauf der Geburt stellen sich bei der Mutter und beim Baby zur gleichen Zeit hochspezifische hormonelle Gleichgewichte ein. Sämtliche daran beteiligten Hormone erfüllen in der Stunde nach der Geburt eine ganz bestimmte Funktion, ehe sie abgebaut werden. Wenn aber die Interaktion zwischen Mutter und Kind unmittelbar nach der Geburt von einer dritten Person gestört wird, steigt der Oxytozinspiegel der Mutter nicht weit genug an, und die Ausstoßung der Plazenta kann nicht mehr komplikationslos ablaufen. Auch unter hormonellen Gesichtspunkten sind also eine ungestört ablaufende Geburt und die Stunde danach von der Interaktion zwischen nur zwei Individuen bestimmt.

Auch aus bakteriologischer Sicht ergibt sich ein ähnliches Bild. Bei der Geburt ist das Baby keimfrei. Einige Stunden später sind seine Schleimhäute von Milliarden von Keimen bedeckt. Die Frage ist: Welche Keime besiedeln den Körper des Babys als erste? Bakteriologen wissen, daß die Gewinner dieses Rennens das Territorium von da an beherrschen werden. Das Keimmilieu der Mutter ist dem Neugeborenen bereits vertraut und kommt ihm entgegen, denn es verfügt über dieselben Antikörper (IgG –Immunglobuline der Klasse G) wie sie. Mit anderen Worten, aus bakteriologischer Sicht braucht das Neugeborene den Kontakt zu nur einem anderen Menschen – zu seiner Mutter. Wenn wir außerdem berücksichtigen, daß die Darmflora des Babys ideale Entwicklungsbedingungen hat, wenn es früh an die Brust gelegt wird und die Erstmilch trinkt, dann besteht kein Zweifel mehr, daß auch unter bakteriologischen Gesichtspunkten die Stunde nach der Geburt von entscheidender Bedeutung ist und weiterhin der Interaktion zwischen nur zwei Menschen vorbehalten sein sollte.

Dies ist ein Punkt, der nicht genug betont werden kann. In Büchern über die Geburt finden wir heute oft Bilder, die ein »gebärendes Paar« zeigen. Man legt Wert darauf, daß der »Bindungsaufbau« zwischen Vater und Kind mit dem zwischen Mutter und Kind vergleichbar sei oder gar genauso ablaufen müsse. Diese Sichtweise kann zum einen noch in der Geburtssituation selbst Gefahren heraufbeschwören. Ich bin überzeugt davon, daß die meisten postpartalen Blutungen und Komplikationen bei der Ausstoßung der Plazenta daher rühren, daß die Mutter zu einem Zeitpunkt abgelenkt ist, da sie mit nichts anderem beschäftigt sein sollte als damit, ihr Baby anzuschauen und seine Haut auf der eigenen zu spüren. Zum anderen könnte es auch langfristig gesehen ein Risiko bedeuten, wenn man den traditionsgemäß langsameren und stufenweise verlaufenden Bindungsaufbau zwischen Vater und Kind überstürzt. Es scheint, daß in den meisten traditionellen Gesellschaften und übrigens auch bei unseren engen Verwandten, den Schimpansen, der Bindungsaufbau zwischen Vater und Kind auf mehr oder weniger indirektem Wege beginnt, durch Anknüpfung an die bereits bestehende Bindung zwischen Mutter und Kind.

Praktische Folgerungen

Aus dieser Gesamtschau des Sexuallebens, die auf den Ergebnissen der modernen biologischen Wissenschaften fußt, lassen sich praktische Folgerungen ableiten. Es wird deutlich, daß eine Kultur, wenn sie routinemäßig in einen bestimmten Aspekt des Sexuallebens eingreift, damit auch auf unsere gesamte Sexualität einwirkt. Außerdem können wir nun anthropologische Befunde leichter einordnen, laut denen in Gesellschaften, wo eine starke Repression der genitalen Sexualität herrscht, eine leichte Entbindung für viele Frauen ein Ding der Unmöglichkeit ist.

Zusammenfassung

Beim Geschlechtsverkehr, bei der Geburt und beim Stillen spielen zwei Gruppen von Hormonen eine herausragende Rolle – zum einen das altruistische Hormon Oxytozin, zum anderen die Endorphine, die wir als unser »Belohnungssystem« auffassen können. Aus einer Gesamtschau des Sexuallebens, die auf den Befunden der modernen biologischen Wissenschaften gründet, ergeben sich praktische Folgerungen.

8 *Sexuelle Attraktivität*

Vor 1990, als die wissenschaftliche Fundierung der Liebe noch in ihren Anfängen steckte, war das Erfassen sexueller Attraktivität anhand von Meßkriterien noch kein Thema, das in angesehenen naturwissenschaftlichen oder medizinischen Fachzeitschriften Beachtung gefunden hätte. Damals hätte kaum jemand erwartet, daß eine Formel wie die folgende, in der y die Attraktivität eines Mannes für Frauen bezeichnet, je in *Lancet* erscheinen könnte:

$$y = 2{,}776 \cdot x_1 - 0{,}0607 \cdot x_2 - 13{,}007 \cdot x_3 - 16{,}796$$

(x_1, x_2 und x_3 bezeichnen die Kriterien: »Body-Mass-Index«*, »Verhältnis Taille/Brustkorb« und »Verhältnis Taille/Hüften«.)[1]

Heute aber zögere ich nicht, Ihnen die Erkenntnisse über sexuelle Attraktivität beim Menschen als ein blankpoliertes und gut reflektierendes Stück des zersplitterten Spiegels zu präsentieren. Man hat verschiedene Faktoren untersucht, aus denen sich die Attribute sexueller Attraktivität von Männern und Frauen zusammensetzen, vor allem einfache körperliche Merkmale der Körper- und Gesichtsform.

Körperform und Körpergröße

Die obige Formel stammt aus einem Artikel, der für dieses neue Forschungsgebiet kennzeichnend ist. Das Forscherteam bat

* *Körpergewicht geteilt durch Körpergröße im Quadrat. Bei 65 kg und 1,68 m wären das 65 : (1,68 · 1,68) = 23,04. A. d. Ü.*

30 zwanzigjährige Studentinnen, Farbfotos von Männern in Vorderansicht einzustufen. Für jeden Mann hatte man das Verhältnis zwischen Gewicht und Körpergröße (»Body-Mass-Index«) und Maße für die Form des oberen Rumpfes (»Verhältnis Taille/Brustkorb«) und des unteren Rumpfes (»Verhältnis Taille/Hüften«) berechnet. Man hatte alle üblichen statistischen Vorkehrungen getroffen und zum Beispiel aus 214 Bildern 50 ausgewählt, um sicherzustellen, daß eine ausreichende »Variationsbreite« gegeben war. Außerdem wurden die Fotos in zufallsgenerierter Reihenfolge gezeigt, und die Studentinnen sahen zunächst sämtliche Bilder, um sie erst dann eines nach dem anderen einzustufen. Es ergab sich eine enge Korrelation zwischen dem »Verhältnis Taille/Brustkorb« und der wahrgenommenen Attraktivität. Demnach läßt sich die körperliche Attraktivität, die Frauen einem Mann zusprechen, mit einfachen Merkmalen erklären: Frauen bevorzugen Männer, deren Torso die Form eines »umgekehrten Dreiecks« hat, also Männer mit einer schmalen Taille, einem breiten Brustkorb und breiten Schultern. Eine solche Körperform geht im allgemeinen mit Körperkraft und einem muskulösen Oberkörper einher. Der Body-Mass-Index ist demgegenüber vergleichsweise unerheblich.

Dagegen kam man in einer ähnlichen Studie zur sexuellen Attraktivität von Frauen zu dem Ergebnis, daß der aus männlicher Sicht entscheidende Faktor der Body-Mass-Index ist.[2] Das Verhältnis zwischen der Weite von Taille und Hüften spielt eine weit geringere Rolle. Am attraktivsten wirkt eine Frau also auf Männer, wenn das Gewicht in einem bestimmten optimalen Verhältnis zur Körpergröße steht. Diese Befunde stehen im Widerspruch zu der gängigen Vorstellung, am attraktivsten wirke ein kurvenreicher Frauenkörper, weil er eine für die Gebärfähigkeit optimale Fettverteilung erkennen lasse. In früheren Untersuchungen war die Bedeutung des Verhältnisses zwischen der Weite von Taille und Hüften offenbar überschätzt worden. Anzumerken ist noch, daß bei diesen Studien zur sexuellen Attraktivität die Köpfe auf den verwendeten Fotografien jeweils verdeckt waren.

Gesichtssymmetrie und attraktives Lächeln

Auch die Gesichtszüge spielen für die sexuelle Attraktivität natürlich eine Rolle. Karl Grammer von der Universität Wien hat die Wirkungen der Asymmetrie von Gesichtern untersucht. Er verwendete computergenerierte Bilder von männlichen und weiblichen Gesichtern und ließ Männer und Frauen jeweils die Gesichter des anderen Geschlechts bewerten.[3] Sein Hauptergebnis ist, daß ein asymmetrisches Gesicht die Attraktivität mindert. Da diese Asymmetrie also die sexuelle Partnerwahl beeinflußt, stellt sich die Frage, auf welche genetischen und umweltbedingten Faktoren Abweichungen von der bilateralen Gesichtssymmetrie zurückgehen. Ein Team von der University of Michigan untersuchte bei 101 Studentinnen und Studenten, wie eine Asymmetrie des Gesichts mit dem Gesundheitszustand zusammenhing.[4] Laut dieser Studie kann die Asymmetrie eines Gesichts Hinweise auf psychische, emotionale und körperliche Belastungen und Störungen geben. Die Asymmetrie eines Gesichts könnte also ein Auslesemerkmal sein, das die sexuelle Partnerwahl des Menschen beeinflußt.

Das Lächeln ist ein spezifisch menschliches Merkmal. Ein Team von südkoreanischen Zahnprothetikern hat untersucht, was die Attraktivität eines Lächelns ausmacht.[5] Als attraktiv wird ihnen zufolge ein Lächeln empfunden, bei dem die oberen Vorderzähne zwischen Ober- und Unterlippe ganz zu sehen sind, die Oberlippe nach oben geschwungen oder gerade ist, die Kurve der oberen Schneidezähne parallel zur Unterlippe verläuft und die Zähne bis zum ersten Backenzahn sichtbar sind. Die Versuchspersonen füllten auch jeweils einen 16teiligen Fragebogen aus, um die Persönlichkeit des oder der Lächelnden einzuschätzen. Das Hauptergebnis dabei war, daß ein attraktives Lächeln in enge Verbindung mit Persönlichkeitsmerkmalen wie Herzlichkeit, Gelassenheit, Extraversion und geringer Ängstlichkeit gebracht wird.

Gerüche und Pheromone

Texte aus der Antike und historische Anekdoten zeigen, daß man in vielen Kulturen schon vor langer Zeit darum wußte, wie wichtig Gerüche für die sexuelle Attraktivität sind. So spricht das Hohelied der Liebe, die Hochzeitsliturgie von König David, von der erotischen Wirkung des Duftes: »Solange der König an der Tafel liegt, gibt meine Narde ihren Duft« (Hld 1,12). Höchst aufschlußreich ist auch die Bitte, die Napoleon in einem Brief an Kaiserin Josephine gerichtet haben soll: »Ne te lave pas, je reviens.« (»Wasch Dich nicht mehr, ich komme bald zurück.«)

Welchen Einfluß Gerüche und der Geruchssinn auf die sexuelle Attraktivität ausüben, ist in jüngster Zeit mit wissenschaftlichen Methoden untersucht worden. Laut Karl Grammer haben Frauen im allgemeinen eine Vorliebe für den Geruch von Männern, deren Immunsystem sich von dem ihren deutlich unterscheidet. Große Bedeutung mißt man heute den Pheromonen zu, Substanzen, die an der Körperoberfläche abgegeben werden. Sie haben keinen bewußt wahrnehmbaren Geruch, werden aber vom sogenannten Jacobson-Organ in der Nase aufgenommen. Karl Grammer hat untersucht, welche Effekte vaginale Pheromone, sogenannte Kopuline, bei Männern auslösen. Er konnte auch zeigen, daß das männliche Pheromon Androsteron, das im Achselschweiß enthalten ist, auf Frauen anziehend wirkt, wenn der Eisprung erfolgt und ihre Fruchtbarkeit den Höhepunkt erreicht.[6] Weitere Einsichten zur Rolle der Pheromone verdanken wir einem Forschungsteam am Athena Institute for Women's Wellness Research in Pennsylvania.[7] Untersucht wurde, ob synthetische männliche Pheromone das soziosexuelle Verhalten von Männern verändern können. In einem achtwöchigen Doppelblindversuch mit einer Experimental- und einer Placebo-Kontrollgruppe wurde die Wirkung eines Pheromons überprüft, das »darauf zielte, das Liebesleben der Männer zu intensivieren«. Jeder Proband führte täglich Buch über sechs soziosexuelle Verhaltensweisen (Petting/Küssen, explizites Rendezvous, ungeplantes oder spontanes Rendezvous, Schlafen neben einer Partnerin oder Geliebten, Geschlechtsverkehr und Masturbation) und faxte die Daten wöchentlich dem Forschungsteam. Bei den Männern in der Pheromon-Gruppe nahmen diejenigen soziosexuellen Verhaltensweisen, die das sexuelle Interesse einer Frau und ihr Mittun voraussetzten, signifikant an Häufigkeit zu, nicht aber das Masturbieren, bei dem die Männer mit sich allein waren.

Die Studien zum Einfluß des Geruchssinns weisen darauf hin, daß es über die allgemeinen Kriterien der sexuellen Attraktivität hinaus auch individualisierte Elemente gibt, die eine sexuelle Anziehungskraft ausüben. Trotz dieser neueren Forschungsbemühungen bleiben aber viele Aspekte der sexuellen Anziehung und Partnerwahl ungeklärt und rätselhaft. Bekanntermaßen wird das sexuelle Verlangen ja auch durch eine gewisse Aura des Geheimnisvollen gesteigert. Erotische Kunst zum Beispiel beläßt es bei Andeutungen, ohne explizit zu werden. Dies führt uns zum komplexen Thema der romantischen Liebe, mit dem wir uns im folgenden Kapitel befassen.

Zusammenfassung

Einige Attribute der sexuellen Attraktivität von Männern und Frauen sind in jüngster Zeit mit wissenschaftlichen Methoden untersucht worden: Körperform und Körpergröße, Symmetrie und Asymmetrie des Gesichts, Merkmale des Lächelns und chemische Stoffe, die über den Geruchssinn wahrgenommen werden.

9 *Die Physiologie der romantischen Liebe*

Im Zeitalter der wissenschaftlichen Fundierung der Liebe kann selbst die Physiologie der romantischen Liebe ein legitimer Forschungsgegenstand sein. Die damit verbundenen Schwierigkeiten liegen freilich auf der Hand. Denn wenn in diesem Zusammenhang das Wort Physiologie fällt, denken wir sogleich an Tierexperimente und daraus abgeleitete Modellvorstellungen, die man auf den Menschen zu übertragen versucht. Wir verfallen dann leicht in eine anthropozentrische Abwehrhaltung und sind uns sicher, daß nichtmenschliche Säugetiere sich nicht dazu eignen, die Hirnchemie von Tristan und Isolde oder Romeo und Julia zu ergründen. Die Probleme beginnen schon damit, daß die meisten Säugetiere von Natur aus promiskuitiv oder polygam sind.

Parallelen im Tierreich

Wissenschaftler haben festgestellt, daß sich Phänomene wie »Paarbindung« und »Bevorzugung eines Partners« durchaus an Tieren studieren lassen. Manche Säugetiere – unter ihnen auch Primaten – sind monogamer als wir Menschen, so etwa die Gibbons, die sogenannten Kleinen Menschenaffen, die in indischen und malaiischen Wäldern leben. Beim Vergleich mit den Großen Menschenaffen – und uns Menschen – fällt auf, daß bei den monogamen Gibbons die Männchen nicht größer als die Weibchen sind und ihr Penis im Verhältnis kleiner ist als bei anderen Primatenarten. Im Kontrast zu den polygynen Orang-Utan- und Gorilla-Männchen und zu den promiskuitiven Schimpansen hat der Gibbon einen sehr schwachen Sexualtrieb. Seine Libido ist selektiv und richtet sich auf nur einen Sexualpartner. Eines Tages wird man die Hirnphysiologie und -biochemie von Gibbons vielleicht eingehend analysieren, um das geheimnisvolle Phänomen ihrer selektiven Libido zu entschlüsseln. Bislang aber ist die Lieblingsspezies der Wissenschaftler, was dieses Thema angeht, ein mäuseähnliches Nagetier, die Präriewühlmaus *(Microtus ochrogaster)*. Lowell Getz von der University of Illinois in Urbana-Champaign fand durch Zufall heraus, daß diese Nagetiere monogam sind, während enge Verwandte von ihnen, die Bergwühlmäuse *(Microtus montanus)*, promiskuitiv leben. Getz stellte fest, daß bei den Präriewühlmäusen 75 Prozent der Paare bis zum Tod des einen Partners zusammenblieben und es nur selten vorkam, daß ein Männchen das Weibchen verließ.

Aus Forschungsarbeiten, die an diese Beobachtungen anknüpfen, geht hervor, daß Oxytozin und Vasopressin – zwei verwandte, vom Hypophysenhinterlappen ausgeschüttete Hormone – für die verschiedenen Aspekte monogamen Verhaltens wahrscheinlich eine wichtige Rolle spielen.[1] Bei promiskuitiven und polygamen Säugetieren sind das Vorziehen eines ganz bestimmten Sexualpartners, das Beschützen dieses Partners und die gemeinsame Versorgung des Nachwuchses äußerst selten. Shapiro und Insel verglichen die Hirnrezeptoren der monogamen Präriewühlmaus und der polygamen Bergwühlmaus.[2] Sie stellten eindeutige Unterschiede fest, was die Verteilung der Hirnrezeptoren für Oxytozin anging. Williams et al. untersuchten an Präriewühlmäusen, inwieweit die Dauer des Zusammenlebens, das Kopulieren und der Oxytozinspiegel die Bevorzugung eines Partners fördern.[3] Aus ihren Experimenten ist zu ersehen, daß Weibchen, wenn sie mindestens 24 Stunden mit einem Männchen verbringen, diesen vertraut gewordenen Partner zu bevorzugen beginnen. Die Paarung ist für die Entwicklung dieser Präferenz nicht notwendig, begünstigt sie aber ganz eindeutig: Weibchen, die nur sechs Stunden mit einem Männchen verbracht haben, bevorzugen diesen Partner nur, wenn es zur Kopulation gekommen ist oder wenn man Oxytozin in ihre Hirnventrikel injiziert hat.

Ein Forschungsteam aus Atlanta hat kürzlich präzisere Befunde zu den hormonellen Grundlagen der Paarbindung bei Präriewühlmäusen vorgelegt.[4] Sie ergänzten die oben geschilderten Experimente, indem sie die Wirkungen analysierten, die eine Injektion von Oxytozin oder Vasopressin in die Hirnventrikel von weiblichen oder männlichen Wühlmäusen hat. Außerdem setzten sie Substanzen ein, die die Effekte von Oxytozin oder Vasopressin hemmen. Bei den Weibchen der Präriewühlmäuse ist anscheinend ein ausreichend hoher Oxytozinspiegel notwendig, damit sich die Bevorzugung eines Partners entwickeln kann, während bei den Männchen das Vasopressin diese Funktion erfüllt. Das Hormon Vasopressin, das den Wasserhaushalt reguliert, ist eng mit dem Oxytozin verwandt. Beide werden im Hypophysenhinterlappen gespeichert. Chemisch gesehen unterscheiden sich diese zwei Nona-Peptide kaum voneinander. Sie stammen von einem gemeinsamen evolutionsgeschichtlichen Vorfahren ab, einem Molekül, das nicht nur ein theoretisches Konstrukt ist: Man hat es bei der Spitzschlammschnecke *(Lymnaea Stagnalis)* nachweisen können.[5]

Die Universalität der romantischen Liebe

Daß die Paarbindung für die Menschen im Verlauf ihrer Geschichte einen Überlebensvorteil bedeutet hat, dürfte unmittelbar einleuchten. Bei der Geburt ist ein Menschenkind noch außerordentlich unreif, und die Mutter könnte sich nicht ausreichend um es kümmern, wenn sie völlig auf sich gestellt wäre, denn sie müßte sich dann ganz allein mit Nahrung versorgen. Die meisten Kulturen haben sich, durch die Ausdifferenzierung von vielfältigen Formen der Großfamilie, auf diese spezifisch menschlichen Bedürfnisse eingestellt. Die strenge Monogamie, die zur Beschränkung auf die Kleinfamilie führt, ist menschheitsgeschichtlich gesehen eine recht neue Erscheinung.

Das Verliebtsein ist offenbar ein spezifisches Merkmal des Menschen. Anthropologen sind heutzutage überzeugt davon, daß die romantische Liebe ein universelles Phänomen ist und nicht nur unter ganz bestimmten kulturellen Bedingungen entsteht wie etwa im abendländischen Mittelalter. Laut einem Vortrag, der 1992 bei einer Sitzung der American Anthropological Association gehalten wurde, ist das Phänomen der romantischen Liebe in 147 von 166 untersuchten Kulturen zu finden. Was ist mit den anderen 19 Kulturen? Die Organisatoren der Konferenz halten es für wahrscheinlich, daß die betreffenden Anthropologen ganz einfach nicht in der Lage waren, die für diese Kulturen typischen Erscheinungsformen der romantischen Liebe wahrzunehmen.

Man geht heute davon aus, daß eine natürlich vorkommende Substanz aus der Gruppe der Amphetamine, das Phenyläthylamin, bei der Auslösung romantischer Empfindungen und anderer Formen der Erregung eine Schlüsselrolle spielt.[6] Nach einer gewissen Zeit läßt die Ansprechbarkeit des Gehirns auf Phenyläthylamin nach, oder der Phenyläthylamin-Spiegel beginnt zu sinken. Wahrscheinlich sind auch die verschiedenen biochemischen Systeme der Neurotransmitter (durch die die Nervenzellen untereinander in Verbindung stehen) am Prozeß des Verliebtseins beteiligt. Donatella Marazziti von der Universität in Pisa hat Erkundungsstudien durchgeführt, laut denen der Serotoninspiegel in der frühen, romantischen Phase einer

Liebesbeziehung niedrig ist.[7] Er ist so niedrig wie bei Menschen, die unter einer Zwangsstörung leiden, also tagtäglich verschiedene Rituale in genau derselben Abfolge wiederholen (und beispielsweise jeden Tag zur selben Zeit und in genau derselben Art und Weise ihre vier Paar Schuhe putzen). Der Verhaltensforscher Konrad Lorenz hat die interessante Hypothese aufgestellt, daß die stammesgeschichtlichen Wurzeln des menschlichen Zwangsverhaltens in den Sexualritualen von Tieren zu suchen sind, etwa im Nestbau oder in der Balz von Vögeln. Dies legt die Vermutung nahe, daß der Zustand der Verliebtheit im menschlichen Gehirn sozusagen »fest verdrahtet« ist.

Bei vielen Paaren dauert die verliebte Phase zwischen eineinhalb und drei Jahren. Daran kann sich dann der Aufbau einer bestimmten Art von Anhänglichkeit und zwischenmenschlicher Bindung anschließen. Anhand der bislang vorliegenden wissenschaftlichen Befunde können wir versuchen, diese Bindung zwischen den Sexualpartnern einzuordnen und eine vorläufige Erklärung zu liefern.

Vieles spricht dafür, daß auch hier den Endorphinen eine wesentliche Rolle zukommt – ganz ähnlich wie beim Bindungsaufbau zwischen Mutter und Baby in der Stunde nach der Geburt. Dies ist eine neuerliche Bestätigung dafür, daß es wenig sinnvoll wäre, die Physiologie der Geburt und die Physiologie der geschlechtlichen Begegnung getrennt voneinander zu betrachten. Beim Koitus sind sämtliche Bedingungen dafür gegeben, daß zwischen den beiden Partnern ein Zustand gegenseitiger Abhängigkeit entstehen kann, denn sie setzen dabei körpereigene Opiate frei, und es kommt zwischen ihnen zu ausgiebigem Hautkontakt. Bei uns Menschen dauert der Geschlechtsakt gewöhnlich viel länger als etwa bei unseren engen Verwandten, den Schimpansen (bei denen das Einführen des Penis, die Beckenstöße und die Ejakulation meist nur 10 bis 15 Sekunden in Anspruch nehmen). Außerdem erleben Menschen intensive orgasmische Reaktionen, die wahrscheinlich mit der starken Ausschüttung von Opiaten zusammenhängen. Interessant ist in diesem Zusammenhang, daß viele Frauen zu multiplen Orgasmen in der Lage sind. Dies legt nahe, daß der weibliche Orgasmus bei der menschlichen Fortpflanzung vielfältige Funktionen erfüllt und nicht allein dazu dient, das Sperma rascher zur Eizelle zu befördern. Der Orgasmus bringt die Befriedigung der Frau zum Ausdruck; wenn sich der Mann dadurch bestätigt fühlt und Genugtuung empfindet, wird er weniger geneigt sein, sich nach einer anderen Sexualpartnerin umzuschauen. Das Signal, das die Frau mit ihrem Orgasmus aussendet, kann also die Beziehung zu ihrem Partner festigen. Außerdem wird die wohlige Entspannung, die auf den Orgasmus folgt, im allgemeinen dazu führen, daß die Frau noch eine Weile liegenbleibt, so daß das Sperma nicht aus der Vagina herausfließt. Die Physiologie allein kann uns die Komplexität menschlichen Verhaltens und Fühlens natürlich nicht ausreichend erklären, doch wie wir sehen, hat sie einige aufschlußreiche Hinweise anzubieten.

Liebeskummer

Mit der Schattenseite des Verliebtseins hat sich die Wissenschaft bislang leichter getan als mit dem Phänomen des Verliebtseins selbst. Menschen tendieren zur Paarbindung, und deshalb können sie, falls sie sich nicht sicher sind, ob ihre Liebe erwidert wird, oder unglücklich verliebt sind, »liebeskrank« werden. Liebeskummer kann in eine Vielzahl von Syndromen münden, von chronischer Erschöpfung bis hin zu einer massiven depressiven Erkrankung. Man hat den Liebeskummer auch als ein Entzugssyndrom interpretiert, als ein Verlangen nach Phenyläthylamin und anderen Neurotransmittern. Dies ist keine bloße Spekulation, denn eine Möglichkeit zur Behandlung anhaltenden Liebeskummers besteht darin, den Betreffenden Antidepressiva zu geben, die den Spiegel von Phenyläthylamin und anderen Transmittern wie Norepinephrin anheben.

Die Wissenschaft verfügt heute über die Mittel, die Geheimnisse der romantischen Liebe zu lüften und sie auf rationale Weise zu erklären. Forscher werden ihren Ehrgeiz daran setzen, Blaise Pascals Ausspruch »Le cœur a ses raisons que la raison ne connaît pas« (»Das Herz hat seine Gründe, die die Vernunft nicht kennt«) zu widerlegen.

Zusammenfassung

Die romantische Liebe ist ein universelles Phänomen und nicht nur eine Hervorbringung ganz bestimmter Kulturen. Sie läßt sich aus einer Reihe von einander ergänzenden Perspektiven betrachten. Wir können unser Verständnis der romantischen Liebe noch weiter vertiefen, indem wir die andere Seite der Medaille, den Liebeskummer, betrachten.

10 Wer ist meine Mutter?

Dieses Stück des zersplitterten Spiegels ist noch stark getrübt. Der Bindungsaufbau zwischen Mutter und Baby setzt selbstverständlich voraus, daß das Baby fähig ist, seine Mutter wiederzuerkennen. Die Sinneswahrnehmung des Fötus und des neugeborenen Babys ist in zahllosen Studien erforscht worden. Uns liegt daher eine Fülle harter Daten zur Reifung verschiedener Sinnesfunktionen vor, doch wie groß der jeweilige Beitrag der verschiedenen Wahrnehmungsmodi des Fötus und des Neugeborenen zum Aufbau der Mutter-Kind-Bindung ist, bleibt bislang der Spekulation überlassen.

Der Geruchssinn

Zahlreiche Studien belegen, wie rasch Babys die Fähigkeit entwickeln, ihre Mutter an ihrem charakteristischen Geruch zu erkennen.[1] Wir müssen bedenken, daß immerhin ein bis zwei Prozent unserer Gene für die Ausbildung von Geruchsrezeptoren bestimmt zu sein scheinen.[2] Die Bedeutung des Geruchssinns beim Menschen wird oft unterschätzt, obwohl wir gut darüber unterrichtet sind, wie wichtig er für die Anpassungsleistungen des Neugeborenen und für das Sozialverhalten der meisten Säugetiere ist.

Es besteht heute Einigkeit darüber, daß beim Fötus während der letzten Schwangerschaftsmonate spezialisierte Rezeptoren bereits so weit ausgereift sind, daß sie auf chemische Reize ansprechen.[3] Nach der Hälfte der Schwangerschaft lösen sich die Pfropfen auf, die die Nasenlöcher des Fötus verschlossen haben, und wenn er Fruchtwasser inhaliert, kommen Geruchsstoffe darin mit den Riechrezeptoren der Nase in Kontakt. Auch durch Diffusion aus Blutgefäßen in der Nase können Geruchsstoffe an diese Rezeptoren gelangen. Es gibt Berichte über Babys, die mehr als zwei Monate vor dem errechneten Geburtstermin zur Welt kamen und deutliche Reaktionen auf starke Gerüche zeigten.[4] Mit einfachen Experimenten wurde nachgewiesen, daß in der Stunde nach der Geburt der Geruch von Fruchtwasser beim Baby starkes Interesse auslöst.[5] Aus allen diesen Befunden läßt sich folgern, daß der Geruch der Mutter dem Neugeborenen bereits vertraut ist, und diese Vertrautheit spielt bei der Anpassung an das extrauterine Leben sicherlich eine gewisse Rolle.

Engen hat bereits 1963 gezeigt, wie differenziert neugeborene Babys auf verschiedene Gerüche reagieren.[6] Der Geruchssinn liefert ihnen wahrscheinlich mit die besten Leitsignale, durch die sie zur Brustwarze finden. Als ich 1970 die verschiedenen Umgebungsbedingungen untersuchte, die für eine »frühe Manifestation des Suchreflexes«[7] nötig sind, hob ich hervor, wie wichtig es ist, im Entbindungsraum ein günstiges Geruchsklima zu schaffen. Mir war aufgefallen, daß sich manche neugeborenen Babys schwertun, die Brust zu finden, wenn man den typischen starken Krankenhausgeruch nicht beseitigt hat. Aus anekdotischen Hinweisen konnte ich außerdem entnehmen, daß der Geruchssinn der Mutter in der Entbindungsphase besonders fein ist. Während der Wehen nimmt sie einen dezenten Geruch oft lange vor der Hebamme oder anderen Anwesenden wahr. Mutter und Kind bedienen sich also ganz offensichtlich ihres Geruchssinns, um sich unmittelbar nach der Geburt gegenseitig zu erkennen.

Bemerkenswert sind in diesem Zusammenhang auch die Experimente von MacFarlane, der zeigen konnte, daß ein Baby, das noch keine zehn Tage alt ist, ein Polster, das mit der Brust seiner Mutter Berührung hatte, von einem Polster unterscheiden kann, das an der Brust einer anderen Mutter lag.[8] In einer jüngeren Studie bat Peter Hepper werdende Mütter, in den letzten Schwangerschaftswochen Knoblauch bzw. keinen Knoblauch zu essen.[9] Nach der Geburt schnupperten die Babys der Mütter, die Knoblauch gegessen hatten, länger als die anderen Babys an kleinen Kissen, die nach Knoblauch rochen. In Kapitel 8 habe ich Experimente erwähnt, die deutlich machen, daß von der Achselhöhle ausgehende Gerüche und Pheromone die sexuelle Attraktivität und die Bindung zwischen Sexualpartnern beeinflussen. Cernoch und Porter untersuchten in einer Reihe von fünf Experimenten, ob neugeborene Babys ihre Eltern allein am Geruch ihrer Achselhöhlen erkennen können.[10] Es stellte sich heraus, daß die Babys nicht in der Lage waren, den Vater am Achselgeruch zu erkennen, und daß nur Brustkinder den Achselgeruch ihrer Mutter von dem anderer stillender Mütter oder nichtschwangerer Frauen unterscheiden konnten.

In der ersten Stunde nach der Geburt ist der Noradrenalinspiegel im Blut des Babys sehr hoch (20mal bis 30mal so hoch wie im späteren Leben). Das läßt auf die intensive Aktivität des »locus caeruleus« schließen, einer Region des stammesgeschichtlich ältesten Hirnteiles, die eng mit dem Bulbus olfactorius verbunden ist. Außerdem paßt es zu der Beobachtung, daß Noradrenalin Lernprozesse fördert, die mit dem Geruchssinn zusammenhängen.

Es weist, mit anderen Worten, vieles darauf hin, daß das Erkennen mit Hilfe des Geruchssinns beim Bindungsaufbau zwischen Mutter und Baby eine wesentliche Rolle spielt. Ich möchte noch einmal darauf hinweisen, wie viele Ähnlichkeiten der Bindungsaufbau zwischen Mutter und Kind und der zwischen Sexualpartnern aufweisen.

Andere Sinneskanäle

Auch das Gehör erfüllt in der Beziehung zwischen Mutter und Neugeborenem wichtige Funktionen. Vor der Ära des Rooming-in, als Neugeborene noch von der Mutter getrennt wurden und in den Säuglingssaal der Entbindungsstation kamen, war es ein vertrautes Phänomen, daß viele Mütter ihr Baby schon am ersten Tag an der Stimme erkennen konnten. Umgekehrt steht außer Zweifel, daß Babys schon vor der Geburt die Stimme ihrer Mutter kennen. Anatomischen Befunden läßt sich entnehmen, daß das Gehör ab der Schwangerschaftsmitte ausgereift ist. Der Fötus kann dann zum einen mit dem Ohr, als einem darauf spezialisierten Organ, Schallschwingungen wahrnehmen und zum anderen über die Haut – die das primitivste Sinnesorgan ist – die Vibrationen im gesamten mütterlichen Körper spüren, die mit ihren stimmlichen Äußerungen einhergehen. In den letzten Jahrzehnten ist die Hörwahrnehmung des Fötus umfassend untersucht worden, vor allem von Marie Claire Busnel, Carolyn Granier-Deferre und Jean Pierre Lecanuet.[11] Außerdem belegt eine ganze Reihe von Studien, die unter anderem von DeCasper und Spence[12] und von Panneton[13] stammen, daß Neugeborene eine Vorliebe für eine Geschichte erkennen lassen, die die Mutter während der Schwangerschaft laut las, oder für eine Melodie, die sie seinerzeit gesungen hat.

Solche Studien liefern Bestätigung für das intuitive Wissen, aus dem heraus wir in den 70er Jahren Singgruppen für Schwangere einrichteten. Es scheint, als eigne sich die Stimme der Mutter durch bestimmte Merkmale in einzigartiger Weise dafür, zum Fötus vorzudringen, und als sei das Baby dafür gerüstet, noch vor der Geburt die Stimme der Mutter wahrzunehmen und kennenzulernen. Warum es überall auf der Welt Wiegenlieder gibt, ist im Zeitalter der wissenschaftlichen Fundierung der Liebe leicht zu erklären.

Auch das Sehvermögen entwickelt sich bereits vor der Geburt. Die Augenlider sind während der ersten Hälfte des intrauterinen Lebens zwar noch miteinander verschmolzen, doch der Fötus kann Lichtreize wahrnehmen und reagiert auf Lichtblitze über dem Bauch der Mutter. Bei der Geburt ist das Sehvermögen schon weitgehend ausgereift, entspricht aber noch nicht dem von Erwachsenen. Die Fähigkeit zur Farbunterscheidung entwickelt sich wahrscheinlich im Laufe der ersten vier Monate. Das Neugeborene kann die Augen noch nicht auf unterschiedliche Distanzen einstellen und scheint darauf programmiert zu sein, Objekte in einer Entfernung von etwa 30 Zentimetern relativ klar sehen zu können.[14] Das deutet darauf hin, wie wichtig zu Beginn der Mutter-Kind-Beziehung der Augenkontakt ist. Weil der Noradrenalinspiegel des Babys unmittelbar vor der Geburt steigt – was wie gesagt Lernprozesse begünstigen dürfte, die mit dem Geruchssinn zusammenhängen –, sind die Pupillen des Neugeborenen geweitet, falls die Entbindung relativ ungestört verlaufen ist. Die großen Augen sind wie ein Signal an die Mutter. Selbst der Gesichtssinn, der als der am wenigsten archaische – oder am stärksten vom Verstand bestimmte – der Sinne gilt, ist also wahrscheinlich an der Interaktion zwischen Mutter und Neugeborenem beteiligt.

Obwohl die Wahrnehmung von Fötus und Neugeborenem derzeit intensiv erforscht wird, läßt sich noch schwer einschätzen, wieviel die einzelnen Sinneskanäle dazu beitragen, daß das Baby seine Mutter erkennt und der Bindungsaufbau beginnen kann. In aktuellen Studien geht man der Frage nach, wie sich die Koordination zwischen den verschiedenen Sinnesfunktionen entwickelt.

Zusammenfassung

Der Tastsinn, der Geruchssinn und das Gehör tragen offenbar wesentlich dazu bei, daß das Baby vor und nach der Geburt seine Mutter zu erkennen vermag.

Bislang läßt sich schwer abschätzen, wie stark die verschiedenen Sinnesmodalitäten jeweils an dieser Leistung des Wiedererkennens und am Aufbau der Bindung zur Mutter beteiligt sind.

11 *Die Liebe von Tieren zum Menschen*

Die wissenschaftliche Fundierung der Liebe hat bezeichnenderweise mit einer Geschichte begonnen, in der Tiere eine Bindung an einen Menschen entwickeln. Konrad Lorenz zögerte nicht, das Wort »Liebe« zu verwenden, als er von Enten und Gänsen sprach, die ihr ganzes Leben lang an einen Menschen gebunden blieben, das erste große Wesen, das ihnen nach der Geburt begegnet war.

Am Ursprung der Zivilisation

Die Beobachtungen von Lorenz sind nicht nur von historischem Interesse. Zivilisation wäre ohne die Beziehung zwischen bestimmten Tierarten und dem Menschen nicht denkbar. Die Domestizierung von Tieren war ein entscheidender Schritt der Menschheitsgeschichte. Sie ist ein wesentlicher Aspekt unseres Strebens, die Natur zu beherrschen, das heißt unserer Überlebensstrategie.

Seit wir Tiere nicht nur ihres Fleisches und ihres Fells wegen domestiziert haben, sondern auch, damit sie uns bei der Arbeit helfen, ist ein bestimmtes Maß an affektiver Bindung zwischen Tieren und Menschen zu einem Vorteil und sogar zu einer Notwendigkeit geworden. Diese Phase unseres Verhältnisses zum Tierreich ist noch recht jung. Es ist wahrscheinlich noch keine zehntausend Jahre her, daß Hunde anfingen, dem Menschen bei der Jagd auf wilde Tiere zu helfen; vermutlich bewachten sie auch damals schon menschliche Siedlungen und warnten die Einwohner vor möglichen Gefahren. Im zweiten Jahrtausend vor Christus fingen Völker in Kleinasien an, im Krieg pferdebespannte Streitwagen einzusetzen. Die frühe Domestizierung der Katze ergab sich wahrscheinlich einfach daraus, daß es den Menschen Freude bereitete, ein solches Tier um sich zu haben. Ein weiterer Grund für das Halten von Katzen war sicherlich, daß sie Mäuse und Ratten fangen konnten. Im alten Ägypten galt die Katze als ein heiliges Tier. Kühe hatten in der ersten Zeit ihrer Domestizierung nicht mehr Milch, als sie zum Aufziehen ihrer Kälber benötigten. Die Steigerung des Milchertrags und die Züchtung von Kühen eigens für die Milchproduktion waren spätere Entwicklungen.

Tiere und die wissenschaftliche Fundierung der Liebe

Wie haben Säugetiere, deren wildlebende Vorfahren sich für unsere Spezies nicht interessierten, die Fähigkeit entwickelt, eine Bindung an uns aufzubauen? Ein junger und wenig bekannter Zweig der wissenschaftlichen Fundierung der Liebe erlaubt klare Antworten auf diese Frage. Zum Beispiel untersuchten Sato[1] in Japan und Boissy und Bouissou[2] in Frankreich, wodurch Färsen* lenkbarer werden, und wiesen nach, daß eine frühe Beschäftigung mit ihnen sich in dieser Hinsicht günstig auswirkt. Boivin[3] in Frankreich stellte fest, daß das vom Menschen künstlich herbeigeführte Entwöhnen nicht ausreicht, um ein Zicklein zu zähmen; vielmehr müssen sich zuvor Menschen mit ihm beschäftigt haben, damit es später Kontakt zu Menschen sucht. Einigen Forschern zufolge, unter anderem Mal[4] und Laros[5], verläuft auch das Halftertraining bei Fohlen problemloser, wenn sie schon früh Umgang mit Menschen hatten.

**Weibliche Rinder nach vollendetem erstem Lebensjahr bis zur ersten Abkalbung. A. d. Ü.*

Zoologen betonen stets, ganz gleich, welche Haustiere sie untersucht haben, von welch eminenter Bedeutung die Gestaltung früher sensibler Phasen dafür ist, daß sich eine Bindung zwischen Tier und Mensch entwickeln kann. Auffallend ist das starke Interesse, das Menschen meist für den Nachwuchs ihrer domestizierten Tiere an den Tag legen. Ich erinnere mich an meine Grundschulzeit in einem französischen Dorf. Die Bauernkinder wurden stets außerordentlich gesprächig, wenn sie von gerade geworfenen Ferkeln erzählten, so als sei ihnen die Wichtigkeit der ersten Begegnung mit ihnen wohl bewußt.

Wenn man beginnt, Säugetiere in der Wohnung zu halten, bei denen das bislang nicht üblich war, wird besonders deutlich, wie entscheidend frühe sensible Phasen sind. Ich denke hier zum Beispiel an Tamworth-Schweine, die einst wegen ihres gehaltvollen und schmackhaften Schinkens geschätzt wurden. Heute kann man diese Schweine auch in der Wohnung halten – doch nur wenn sie von Geburt an gezähmt werden. Bengalische Tiger lassen sich zur Kooperation mit Menschen im Zirkus bewegen, aber nur, wenn sie in Gefangenschaft geboren wurden und deshalb schon in sehr frühem Alter in Kontakt mit unserer Spezies kamen.

Der Preis der Domestizierung

Domestizierte Tiere sind kaum einmal gefordert, die Initiative zu ergreifen, um ihr Leben zu kämpfen oder sich gegen Konkurrenten durchzusetzen. Dies hat Folgen für ihre Nachkommen. Bei den verschiedensten Säugetieren wie Schweinen, Schafen, Hunden, Katzen, Kamelen, Frettchen und Nerzen führt die Domestizierung auf lange Sicht unter anderem dazu, daß die Größe des Gehirns deutlich abnimmt.[6] Wird eine wilde Art domestiziert, so gehen die entsprechenden Veränderungen im

Gehirn evolutionsgeschichtlich gesehen sehr rasch vonstatten – nach nur 120 Jahren und Generationen der Domestizierung ist bei Nerzen eine Reduktion der Hirngröße um etwa 20 Prozent zu beobachten.[7] Und wie steht es um die Gattung Mensch? Das Gehirn des Neandertalers war größer als das unsere …

Zusammenfassung

Da die Domestizierung von Tieren einen entscheidenden Schritt der Menschheitsgeschichte darstellt, ist bei der wissenschaftlichen Fundierung der Liebe auch zu berücksichtigen, wie sich die Bindung zwischen Tier und Mensch entwickelt.

12 Orgasmische Zustände, Ekstasen und mystische Empfindungen

Eigentümlicherweise hat man den Orgasmus, den wir bei der genitalen Sexualität erleben, selten unter dem Aspekt betrachtet, daß hier ein Wechsel der Bewußtseinsebene stattfindet – obwohl es sich doch um eine allgemeinmenschliche Erfahrung handelt, die Männer wie Frauen gleichermaßen kennen. Ein tieferes Verständnis des Orgasmus erschließt sich uns, wenn wir die Parallelen zu anderen veränderten Bewußtseinszuständen betrachten. Ich habe mindestens ein Dutzend Frauen, die von der Geburt ihres Babys sprachen, spontan das Wort »Orgasmus« verwenden hören. Von besonderem Interesse ist diese Wortwahl, weil es mittlerweile möglich ist, das Gehirn sogar während des Orgasmus zu »kartographieren«. Finnische Forscher konnten mit neuen Bildgebungsverfahren eindeutig nachweisen, daß der Neokortex sich, abgesehen vom präfrontalen Kortex, während eines Orgasmus im Ruhezustand befindet.[1] Warum man im allgemeinen übersieht, daß die letzten Kontraktionen des »Fötus-Ejektionsreflexes« mit orgasmischen Zuständen einhergehen, ist leicht zu begreifen: In den meisten Kulturen will man nicht wahrhaben, daß Gebärende ein Bedürfnis nach Rückzug und nach Respektierung ihrer Intimsphäre haben; man macht aus der Geburt ein Ereignis, in das viele einbezogen sind, und übt durch tradierte Überzeugungen und entsprechende Rituale einen störenden Einfluß auf das Geschehen aus.

Der Orgasmus als ein Bewußtseinszustand

Um ein klareres Bild von orgasmischen Zuständen zu gewinnen, ist es notwendig, die Ähnlichkeiten mit anderen ekstatischen Zuständen zu analysieren. Una Kroll verdeutlicht auf elegante Weise solche Parallelen zwischen den Empfindungen bei der sexuellen Vereinigung und dem mystischen Erleben. An einer Stelle sagt sie: »Augenblicke der Ekstase hat es in meinem Leben immer wieder gegeben, und es ist dann, als würde mit einemmal ein Klang der Gnade ertönen. [...] Die Ekstase der sexuellen Vereinigung ist verwandt mit der des ekstatischen Gebets. Zu beiden gehört ein Verlust des Bewußtseins von der eigenen Person [...]«.[2] Eine junge Mutter sagte mir, daß sie unmittelbar nach der Geburt ihrer Tochter in deren Augen das ganze Universum sah.

Daß orgasmische Zustände ein Weg zu kosmischem Bewußtsein sein können, ist kein neuer Gedanke. Alte tantrische Texte, die im Westen bis vor recht kurzer Zeit noch unbekannt waren, lehren sexuelle Rituale, die im hinduistischen Ekstase-Kult mit dem Ziel praktiziert werden, zur Einheit mit dem Kosmos zu gelangen. Dies ist gemeint, wenn man von »tantrischer Sexualität« spricht. Eine Parabel aus einem tantrischen Text, der vor 2000 Jahren in Sanskrit verfaßt wurde, ist für uns in diesem Zusammenhang höchst aufschlußreich. Sie erzählt von einem einsamen Pilger, der auf der Suche nach der »Höchsten Wahrheit« war. Er reiste weit, meditierte, fastete und erlegte sich selbst unerträgliche Qualen auf, konnte aber die »Höchste Wahrheit« nie erlangen. Desillusioniert und frustriert von den Jahren unbelohnter Mühe, machte er eines Nachmittags an einem Flußufer Rast. Zu diesem Fluß kam eine tantrische Meisterin, um zu baden und ihren Körper für die kommende Nacht der Lust zu salben. Sie sprach den Pilger an, und nachdem sie seine Geschichte gehört hatte, verführte sie ihn, »indem sie seine Sinne durch die tantrischen Freuden zur Ebene der höchsten Erweckung geleitete, auf der er die Kraft fand, nach der er gesucht hatte. Und er fand sie in dem, was er sich so lange versagt hatte.«[3] Selbst Freud – der wenig von einem Mystiker hatte – ging davon aus, daß es eine Situation gibt, in der die Grenzen des Ichs sich auflösen können, nämlich während des sexuellen Höhepunkts.

Aus wissenschaftlicher Sicht erscheinen diese Querverbindungen und Parallelen heute sehr plausibel. Eine physiologische Erklärung des mystischen Erlebens würde uns sogar recht schwerfallen, wenn wir dabei orgasmische Zustände außer acht ließen. Orgasmus und mystische Empfindungen, so könnten wir sagen, sind zwei Stücke des zerbrochenen Spiegels, die leicht zusammenzufügen sind.

Die Etymologie des Wortes »mystisch« läßt übrigens eine interessante Doppeldeutigkeit erkennen. Das griechische »mystikós« meint zum einen ein »Verschließen der Sinne«, das heißt die Ausschaltung einer bestimmten Form des Wissens, und das »Eingeweihtsein in die Mysterien«, also den Zugang zu einer anderen Form des Wissens.

Das Alte und das Neue

Das Wesen des Orgasmus und anderer ekstatischer Zustände tritt deutlicher zutage, wenn wir uns anschauen, in welcher Beziehung unser neokortikaler Supercomputer zu älteren, archaischen Strukturen steht, die wir mit allen anderen Säugetieren gemeinsam haben. Der entwicklungsgeschichtlich neue Teil unseres Gehirns ist in der Lage, mit den Begriffen von Zeit und Raum und mit klaren Grenzziehungen, etwa der Vorstellung von der Begrenztheit unserer Lebensspanne, zu operieren. Auf diesen Begriffen und Vorstellungen gründet unser Identitätsempfinden, das sich erst dann entwickeln kann, wenn der Neokortex des Kindes genügend ausgereift ist. Dieser Punkt scheint dann erreicht zu sein, wenn das Kind sich in einem Spiegel zu erkennen vermag. Im hellwachen Zustand sehen wir das Universum aus einer neokortikalen Perspektive.

Dagegen verdankt sich unser Empfinden, Teil eines Ganzen zu sein, den älteren, sub-neokortikalen Hirnstrukturen. Sie eröffnen uns eine andere Realität, die die Begriffe von Raum, Zeit und Grenzen übersteigt. Die archaischen Hirnstrukturen sind unauflöslich verbunden mit unseren grundlegenden Anpassungssystemen – dem Hormonsystem und dem Immunsystem (die zum umfassenderen »primären Adaptionssystem« gehören). Unsere Emotionen und Instinkte beruhen auf der Aktivität dieser Strukturen.[4] Wir können den Neokortex als ein Werkzeug betrachten, das den alten Hirnstrukturen ursprünglich dazu diente, unseren Überlebensinstinkt zu stärken.

Der Drang zu fliehen

Im Zeitalter der wissenschaftlichen Fundierung der Liebe drängt sich die Frage auf, welchem Zweck der geschilderte Wechsel der Bewußtseinsebene bei ekstatischen Zuständen im allgemeinen und dem Orgasmus im besonderen dient. Aus der Verhaltensforschung wissen wir: Wenn wir uns gegen widrige Umstände nicht durch Kampf zur Wehr setzen können, gibt es nur eine Möglichkeit, unsere Gesundheit zu schützen – die Flucht. Es gibt viele Strategien, sich einer Situation zu entziehen, und eine davon ist der Übertritt in eine andere als die raumzeitliche Realität.

Unser Bild von Gesundheit und Krankheit hat sich im Laufe der letzten Jahrzehnte entscheidend verändert. Einer der wesentlichen Fortschritte wurde dadurch erzielt, daß man den

Prototyp einer pathogenen (das heißt krankheitserzeugenden) Situation herausgearbeitet hat. Sie besteht darin, daß man ohne jede Möglichkeit, entweder zu kämpfen oder zu fliehen, in widrigen oder bedrohlichen Umständen gefangen ist. Wenn uns nichts übrigbleibt, als eine solche Situation passiv zu erdulden, geht das zu Lasten unserer Gesundheit.[5] Sind wir dagegen in der Lage, die Initiative zu ergreifen, wird unsere Gesundheit gestärkt.

Am Anfang standen einfache Experimente mit Ratten und Hunden, die nach einer Serie von Elektroschocks krank wurden.[6,7] Nicht die Elektroschocks selbst machten die Tiere krank, sondern der Zustand des Ausgeliefertseins, in dem sie die Schocks bekamen. Falls die Tiere in ihrem Käfig die Gelegenheit hatten, auf ein anderes Tier loszugehen, oder ihnen irgendeine Fluchtmöglichkeit offenstand, nahmen sie keinen gesundheitlichen Schaden, obwohl sie genauso viele Elektroschocks bekamen wie die Gruppe von Tieren, die weder kämpfen noch fliehen konnten. Bei Tieren, die »unkontrollierbaren und unvermeidbaren aversiven Reizen« ausgesetzt waren, verschob sich das hormonelle Gleichgewicht. Das legt den Schluß nahe, daß ein selbstzerstörerischer Prozeß einsetzt, wenn wir resignieren und jede Hoffnung aufgegeben haben. Daß die Ergebnisse solcher Experimente mit Ratten und Hunden sich tatsächlich auf den Menschen übertragen lassen, ist aufgrund vieler in der medizinischen Fachliteratur veröffentlichter Befunde recht wahrscheinlich. Man hat eingehend untersucht, wie Menschen Situationen der »erlernten Hilflosigkeit«, der »erlernten Hoffnungslosigkeit« und der »Aktionshemmung« verarbeiten. Die gesundheitlichen Folgen, die bestimmte Extremformen der »Aktionshemmung« nach sich ziehen können, sind gut belegt, etwa die lebenslangen Schädigungen von Folteropfern oder die Gesundheitsprobleme von Kindern, die in der Schule ständig schikaniert werden.[8]

Die Gefahren, die aus einer übermäßigen »Domestizierung« des Menschen erwachsen, sind vor diesem Hintergrund leicht zu veranschaulichen. In der Zivilisation kann der Mensch in zahllose Situationen geraten, in denen er sich den Umständen hilflos ausgeliefert fühlt. Das bedeutet, er hat viele Gründe, seiner tagtäglichen Lebensrealität entfliehen zu wollen. Dies könnte der Grund für das in allen Kulturen verbreitete Verlangen nach Transzendenz sein, das viele Ähnlichkeiten mit dem sexuellen Verlangen aufweist. Auffallend ist, daß menschliche Gesellschaften stets bemüht sind, sowohl das sexuelle Verlangen als auch das Verlangen nach Transzendenz unter Kontrolle zu halten und in klar geregelte Bahnen zu lenken.

Zusammenfassung

Der Orgasmus und andere ekstatische Zustände lassen sich als Strategien auffassen, durch die wir uns einer bestimmten Situation entziehen und in eine andere Realität jenseits von Raum und Zeit entfliehen können. Wenn wir in einer gefährlichen und für uns schädlichen Situation keine Möglichkeit haben, uns durch Kampf zur Wehr zu setzen, bleibt uns nur die Flucht, um unsere Gesundheit zu schützen.

13 *Liebe zum Ganzen*

Im letzten Kapitel haben wir uns, ausgehend von Parallelen zwischen Orgasmus und dem Erleben mancher Frauen im Augenblick der Entbindung, mit ekstatischen Phänomenen befaßt, und es wurde deutlich, daß hier verschiedene Bewußtseinsebenen im Spiel sind. Wir haben darauf hingewiesen, daß die Übergänge zwischen orgasmischen, ekstatischen und mystischen Zuständen fließend sind.

Das mystische Empfinden ist als eine »Liebe zum Ganzen« beschrieben worden und sollte daher in eine wissenschaftliche Erforschung der Liebe einbezogen werden. Ein Beispiel für diese Art von Gefühlszustand ist das »ozeanische Gefühl« (Sigmund Freud), wie es beispielsweise der Anblick eines Sonnenuntergangs in uns auslösen kann.

Methodische Grenzen der Physiologie

Unter bestimmten Bedingungen, zum Beispiel in der Dunkelheit, in der Einsamkeit oder im Schweigen, stellen sich mystische Empfindungen leichter ein. Auch künstlerische Betätigungen – jene Kniffe und Listen, durch die wir unsere beiden Gehirnhälften miteinander in Einklang bringen – können mystische Empfindungen auslösen. Bei jeder künstlerischen Betätigung steht eine Technik – die eine spezifisch menschliche Hervorbringung des Neokortex ist – im Dienste einer Funktion, die ihrerseits der Kontrolle der älteren Hirnstrukturen unterliegt. Mit Hilfe seiner technischen Fertigkeiten vermag ein Musiker Emotionen durch Töne darzustellen. Ein Maler setzt mittels seiner Maltechnik Gefühle in visuelle Signale um. Die Lyrik bringt Gefühlszustände zum Ausdruck, indem sie die differenzierten Möglichkeiten des Mediums Sprache nutzt. Der Tanz bildet Gefühle in Bewegungen und Rhythmen ab. Die Gastronomie spricht unser Geschmackserleben an, die Kunst des Parfümeurs unseren Geruchssinn, die erotische Kunst unseren Sexualtrieb.

Eine jede Sinnesfunktion kann zur Grundlage einer künstlerischen Tätigkeit werden, und jede Kunst hat die Macht, in uns feine oder intensive Empfindungen von einer mystischen Qualität hervorzurufen. Das Singen ist ein schlagendes Beispiel für eine Technik, mit der wir einen Einklang zwischen unseren beiden Gehirnen herstellen können: Melodie und Rhythmus werden mit Worten verknüpft, um Gefühle zum Ausdruck zu bringen. Außerdem sind bestimmte Kunstwerke – gotische Kathedralen, indische Tempel, die ägyptische Sphinx, Sanskrit-Hymnen, die Musik Bachs, der Gregorianische Gesang – direkt aus dem Bedürfnis heraus entstanden, mystischen Empfindungen Ausdruck zu verleihen.

Es gibt ein unendlich breites Spektrum mystischer Empfindungen von unterschiedlichen Graden der Reinheit und Intensität. Sie reichen von der dezenten mystischen Nuance, die integraler Bestandteil mancher komplexer Gefühlszustände ist, bis hin zum reinen und eindringlichen »Gipfelerlebnis«. Das Phänomen des »Gipfelerlebnisses« findet sich in sehr vielen Kulturen, und so gibt es auch viele andere Bezeichnungen dafür – »kosmisches Erleben«, »mystische Einheit«, »Erleuchtung«, »Nirvana«, »mystische Ekstase« und so weiter.

Zu Beginn des 20. Jahrhunderts analysierte Richard Buke 43 Berichte, in denen das Erlangen eines »kosmischen Bewußtseins« geschildert wurde, und konnte einige markante Mermale dieses besonderen Zustandes herausarbeiten.[1] Bukes Schlußfolgerungen werden in jüngeren Darstellungen von Psychologen wie Arthur Deikman bekräftigt.[2] Nachdem die Erfahrung einen Gipfel, eine Klimax, eine Kulmination erreicht hat, folgt durchweg die rasche Rückkehr zur Normalität. Kennzeichnend für das »Gipfelerlebnis« sind das Bewußtsein der Einheit allen Seins – »alles in einem und eines in allem« – sowie das Empfinden der Zeitlosigkeit, bei dem auch ein Gefühl der Unsterblichkeit mitschwingt. Gipfelerlebnisse sind auch von einer Haltung der Passivität geprägt: Der Mystiker hat das Gefühl, als sei sein Wille außer Kraft gesetzt und als werde er von einer fremden Macht getragen und gehalten. Die Passivität geht einher mit dem Gefühl unendlichen Friedens und einer grenzenlosen Liebe zur ganzen Schöpfung – mit unermeßlichem Wohlbefinden. Fast immer ist von einem subjektiv wahrgenommenen Licht oder von einer Erleuchtung die Rede. Im Rückblick ist der Mystiker überzeugt, daß seine Erfahrung absolut »real« war.

Vielen Mystikern widerstrebt es, von ihren Erfahrungen zu berichten, denn sie haben das Gefühl, sie niemals in Worte fassen zu können. So sagte Thomas von Aquin, der Autor der *Summa theologica*, nach einer kosmischen Erfahrung: »Ich kann nicht mehr schreiben. Ich habe Dinge gesehen, vor denen alles, was ich geschrieben habe, wie Stroh erscheint.« Mehr zu erfahren ist manchmal von den Anhängern des Mystikers, denn sie haben beobachten können, wie er sich durch seine kosmische Erfahrung verändert hat. In ihren Beschreibungen des Verwandelten ist oft von »stärkerer Ausstrahlung« oder gar von »Charisma« die Rede.

Für viele bleibt das »Gipfelerlebnis« ein einmaliges Ereignis, während sich für manche Menschen derartige Erfahrungen mehrmals in ihrem Leben wiederholen. Bei letzteren spricht man mitunter davon, daß sie die »via illuminativa«, den Pfad der Erleuchtung beschritten haben.

Methodische Möglichkeiten der Physiologie

Reine, authentische »Gipfelerlebnisse« sind selten und zeichnen sich dadurch aus, daß die Umstände, unter denen sie auftreten, nicht vorhersagbar sind. Aus diesem Grund lassen sie sich mit naturwissenschaftlichen Methoden nicht untersuchen. Dagegen erreichen künstlich herbeigeführte Bewußtseinsveränderungen zwar nicht die absolute Reinheit und Intensität des echten »Gipfelerlebnisses«, doch manche von ihnen sind mit naturwissenschaftlichen Mitteln erforschbar.

Laut einer unveröffentlichten Forschungsarbeit von Ingrid Müller in München geht eine ekstatische schamanische Trance mit einem spezifischen Hormonprofil einher, das sich vom Hormonprofil jedes anderen veränderten Bewußtseinszustandes, unter anderem der hypnotischen Trance, deutlich unterscheidet.[3] Die Spiegel von Kortisol, Adrenalin und Noradrenalin steigen kurzzeitig an, um dann dramatisch abzufallen, während zugleich der Spiegel der Endorphine in die Höhe geht. Die Koppelung von niedrigem Blutdruck und erhöhtem Puls könnte erklären, warum Schamanen sagen, daß sie während der Trance »sterben«. Hinzu kommen sehr langsame Hirnwellen mit sechs bis sieben Wellenzügen pro Sekunde.

Die durch psychedelische Drogen induzierten Bewußtseinszustände lassen sich mit wissenschaftlichen Methoden vergleichsweise einfach erforschen. Menschen haben im Laufe der Jahrtausende die verschiedensten psychedelischen Substanzen benutzt, von der milchigen Absonderung der unreifen Samenkapseln des Schlafmohns (Opium) über die »heiligen Pilze« Mexikos bis hin zu synthetischen Stoffen wie LSD. Die physiologischen Wirkungen von LSD sind eingehend untersucht worden, vor allem seine stimulierenden Effekte auf das autonome Nervensystem. Mit seinen Arbeiten zu den Effekten von LSD hat Stan Grof[4] ungeheuer viel zur Entstehung eines Wissensgebietes namens »transpersonale Psychologie« beigetragen. Er hat mein Interesse an dem geweckt, was ich »mystische Empfindungen« nennen. Eine der Hauptreaktionen auf die Einnahme von LSD ist eine veränderte Wahrnehmung von Raum und Zeit, wie sie auch bei jedem mystischen Erleben auftritt.

Bislang ist noch nicht ernsthaft untersucht worden, wie das Fasten in die Balance zwischen neokortikalen und subkortikalen Vorgängen eingreift. Klar ist aber, daß das Fasten den Blutzuckerspiegel senkt und damit die hauptsächliche Energiezufuhr des Neokortex drosselt. Außerdem führt Fasten zu Mangelzuständen, die sich in Veränderungen der Hirnaktivität niederschlagen. Zum Beispiel setzen Psychiater bei der Therapie Zink ein, falls im Gehirn ein Zinkmangel vorliegt.

Man hat die Bewußtseinszustände, die Meditierende beim Zen und Yoga erreichen, mit Hilfe der Elektroenzephalographie (EEG) erforscht. Jeder Zustand tiefer Entspannung und intensiven Wohlbefindens scheint durch Alpha-Hirnstromwellen gekennzeichnet zu sein. Vor allem der über dem Hinterhauptkortex abgeleitete Alpha-Rhythmus geht mit einer verringerten visuellen Aufmerksamkeit gegenüber der Umgebung einher. Bei einer EEG-Studie zu der Trance, in die sich Anhänger des Soto-Zen und des Rinzai-Zen beim Meditieren versetzen, waren innerhalb von 50 Sekunden Alpha-Wellen zu registrieren. Im weiteren Verlauf kam zu Alpha-Wellen noch ein Theta-Rhythmus hinzu, wie man ihn bei der Hypnose beobachtet. Die Kurvenverläufe deckten sich genau damit, wie ein Zenmeister den jeweiligen Bewußtseinszustand seiner Schüler einschätzte.[5]

Für höchst bedeutsam halte ich eine Studie von Elmer Green, der zeigen konnte, daß der Swami Rama einen Delta-Rhythmus erreichen kann, ohne dabei einzuschlafen, obwohl Delta-Hirnstromwellen gewöhnlich ein Kennzeichen des Tiefschlafs sind.[6] Dies untermauert die Theorie, daß der Tiefschlaf mit der überräumlichen und überzeitlichen kosmischen Realität in

Verbindung steht. Wenn wir hellwach sind und uns in einer raumzeitlichen Realität auf unseren neokortikalen Computer stützen, ist jene »andere Wirklichkeit« dennoch in uns lebendig. Dies wäre eine Erklärung dafür, warum Menschen den Impuls zu solch außerordentlichen Dingen wie etwa dem Errichten von Kathedralen verspüren. Insgesamt zeigen die EEG-Studien, daß die neokortikale Aktivität herabgesetzt sein muß, damit wir in eine überräumliche und überzeitliche Realität eintreten und ein Empfinden der Einheit und des Einklangs mit allem erreichen können.

Interessanterweise ist der EEG-Rhythmus von Ratten und anderen nichtmenschlichen Säugetieren mit dem Delta-Rhythmus beim Menschen vergleichbar. Ist das kosmische Bewußtsein ein stammesgeschichtlich gesehen archaisches Phänomen? Der Entwicklungsverlauf beim einzelnen Menschen scheint dies zu bestätigen. Mit ihren bahnbrechenden Arbeiten hat Margaret Mahler gezeigt, daß das neugeborene Baby – dessen Neokortex sich noch in einem frühen Entwicklungsstadium befindet – sich seiner selbst als Individuum in keiner Weise bewußt ist, und zahllose Entwicklungspsychologen haben untersucht, wie aus dem Bewußtseinszustand des »Einsseins« ein »eigenes, gesondertes Selbst« hervorgeht.[7] Der Titel eines Buches von Louise Kaplan bringt diese Entwicklungslinie exemplarisch zum Ausdruck: *Oneness and separateness: from infant to individual* (Einheit und Gesondertheit: vom infans [dem der Sprache nicht mächtigen Säugling] zum Individuum).[8]

Ich halte es für notwendig, den Gegensatz zwischen den archaischen Hirnstrukturen und den jüngeren neokortikalen Strukturen herauszustreichen, weil heute so viel die Rede ist von einer anderen Dualität – der zwischen der linken und der rechten Hemisphäre. Die Hirnhemisphären lassen bekanntlich eine Tendenz zur Spezialisierung und gegenseitigen Ergänzung erkennen. Es gehört heute zum Allgemeinwissen, daß die linke, sprachzentrierte Hirnhemisphäre eher nach logischen, analytischen Mustern operiert, während die rechte Hemisphäre auf eine nicht-analytische, globale Wahrnehmung spezialisiert ist. Techniken wie die Positronenemissionstomographie und die Kernspintomographie liefern heute tagtäglich neue Erkenntnisse über die Asymmetrie unserer Gehirnhälften. So ergab eine kanadische Studie mit über tausend Musikern, daß deren »planum temporale« in der linken Hirnhälfte überdurchschnittlich hoch entwickelt ist. Natürlich spricht vieles dafür, die rechte Hemisphäre einfach als die »intuitivere« anzusehen, die mit den archaischen Hirnschichten in direkterem Kontakt zu stehen scheint. Doch was das Bedürfnis nach Transzendenz, den Sexualtrieb und den Überlebenstrieb angeht, ist die entscheidende Dichotomie nicht die zwischen den Hirnhemisphären, sondern die zwischen den älteren, tieferen Hirnstrukturen und den entwicklungsgeschichtlich neueren. Denn über einen derart ausgefeilten neokortikalen Supercomputer mit so hochdifferenzierten Assoziationsfeldern verfügen nur wir Menschen.

Bestimmte Hirnstrukturen dienen als Verbindungsglieder zwischen den archaischsten Hirnarealen und den entwicklungsgeschichtlich jüngsten Teilen des Neokortex. Vieles spricht dafür, daß diese Funktion von Hirnstrukturen übernommen wird, die wir mit allen Säugetieren gemeinsam haben (nämlich vom limbischen System, das tiefe Schichten der Temporallappen und damit verbundene alte Strukturen umfaßt). Es ist seit langem bekannt, daß Temporallappenepilepsie von einem religiös-ekstatischen Erleben begleitet sein kann.[9] Durch eine schwache elektrische Reizung des rechten Schläfenlappens hat man mystische Erfahrungen induziert.[10] Erwähnenswert ist auch, daß das Narkotikum Ketamine, das auf das limbische System einwirkt, eine veränderte Wahrnehmung von Raum und Zeit auslösen kann.

Die Fähigkeit, Brücken zu schlagen

Menschen scheinen sich stark darin zu unterscheiden, inwieweit sie fähig sind, zwischen den verschiedenen Realitäten Brücken zu schlagen. Manche Menschen, deren Gesundheit sehr angegriffen ist und die nicht auf ein starkes orgasmisches Potential zurückgreifen können, entwickeln offenbar ihre eigenen Fluchtmöglichkeiten und erwerben sich damit den Ruf, »heilig« oder große Mystiker zu sein. Thomas von Aquin war von Krankheit geplagt und starb mit fünfzig Jahren, zwei Monate nachdem Papst Gregor X. ihn in einem Schreiben persönlich aufgefordert hatte, sich zum Konzil von Lyon zu begeben, was für Thomas eine höchst pathogene Situation bedeutete. Eine der auffallendsten Gemeinsamkeiten zwischen den bekanntesten Mystikerinnen des europäischen Mittelalters ist ihr schlechter Gesundheitszustand.[12] Hildegard von Bingen, Wissenschaftlerin, Visionärin, Dichterin, Musikerin und Theologin, litt die meiste Zeit ihres Lebens unter einer migräneartigen Krankheit und konnte sich oft tagelang nicht bewegen. In ihrem ersten großen Visionswerk, *Scivias*, hört sie eine Stimme vom Himmel über »den Menschen, den Ich erwählt«, also über Hildegard sagen: »Er leidet Schmerzen in seinem Marke und in den Adern seines Fleisches. Sinn und Gefühl sind ihm beengt, und schweres Leiden duldet er in seinem Körper, so daß keine Sicherheit in ihm wohnt«.[13] Diese extreme Beeinträchtigung aber, so berichtet sie, war die Voraussetzung dafür, daß sie »die geheimen Geheimnisse Gottes« schauen konnte. Klara von Assisi, Schülerin und enge Vertraute des Franz von Assisi und Mitbegründerin des Klarissenordens, war den größten Teil ihres Erwachsenenlebens durch Krankheit ans Bett gefesselt. Mechthild von Magedeburg, die Dichterin der Beginen, einer Laienbewegung von Frauen, die ein asketisches klosterähnliches Gemeinschaftsleben führten, schrieb über sich, sie sei seit zwanzig Jahren ständig müde, krank und schwach. Die Visionen der Juliana von Norwich setzten während einer Krankheit ein, bei der sie zwischen Leben und Tod schwebte. Katharina von Siena, deren Hauptschrift einen Dialog zwischen ihr und Gott schildert, starb mit 33 Jahren, weil sie keine Nahrung mehr zu sich nehmen konnte.

Die heilige Bernadette von Lourdes, die einen großen Teil ihres Lebens im Gebet zubrachte, starb mit 35 Jahren an einer Krankheit, die von einigen als Knochenkrebs, von anderen als Miliartuberkulose diagnostiziert worden ist.

Ekstatische Zustände und mystisches Erleben lassen sich also als eine Strategie deuten, um eine Gefährdung der eigenen Gesundheit abzuwehren. In eine ähnliche Richtung könnte der Versuch zielen, durch Alkohol oder halluzinogene Drogen der Wirklichkeit zu entfliehen. Der Rückgriff auf diese künstlichen Hilfsmittel könnte damit zusammenhängen, daß die physiologischen Mechanismen einer Veränderung des Bewußtseinszustandes versagen.

Die westliche Medizin muß sich neuen Ideen öffnen, damit die Funktion multipler Realitäten zu einem Gegenstand seriöser Forschung werden kann.

Uns stehen viele Wege offen

Es ist ein Allgemeinplatz, daß unendlich viele Wege zum kosmischen Bewußtsein führen. Die Physiologie bietet eine Erklärung für diese Vielfalt. Subkortikale Strukturen setzen, falls ihre Aktivität nicht vom Kortex unterdrückt wird, unter den verschiedensten Umständen große Mengen von Hormonen frei, unter anderem Opiate. Zum Beispiel gehen extreme Schmerz- und Lustempfindungen mit einem hohen Spiegel von Endorphinen einher, und jede starke Emotion ist mit einer Drosselung der neokortikalen Kontrolle verbunden. Manche Soldaten und Lustmörder haben im Moment des Tötens einen Orgasmus. Zu nennen sind hier auch bestimmte Formen der »Todesnähe-Erfahrung«. Manche Menschen, die wiederbelebt wurden, nachdem sie tot schienen und von der Hirnrinde keine EEG-Signale mehr abzuleiten waren, beschreiben ihre Erfahrung mit ganz ähnlichen Worten wie Menschen, die von einem mystischen »Gipfelerlebnis« berichten. Auch die »Todesnähe-Erfahrung« führt bei den Betreffenden oft zu einer tiefgreifenden Verwandlung ihrer Persönlichkeit. Der Hirntod läuft in bestimmten Phasen ab. Wahrscheinlich folgt, nachdem der Neokortex seine Tätigkeit eingestellt hat, eine Übergangsphase, in der die archaischen Hirnschichten ungehindert aktiv sind und eine Flut von Hormonen freisetzen, unter anderem von Opiaten. Mit anderen Worten, das Absterben des Neokortex scheint ein weiterer Pfad zu einem mystischen Gipfelerlebnis und in eine Realität jenseits von Raum und Zeit zu sein. Bei Hinrichtungen kommt es vor, daß der Sterbende ejakuliert. Orgasmus, Tod und Gipfelerlebnis sind drei eng miteinander zusammenhängende Phänomene.

Zusammenfassung

Emotionale Zustände und Erfahrungen, die sich als »mystisch« auffassen lassen, sollten in die wissenschaftliche Erforschung der Liebe einbezogen werden, denn in ihnen kommt eine »Liebe zum Ganzen« zum Ausdruck. Vielfältige Hinweise und Befunde legen nahe, daß die alten Hirnstrukturen, die wir mit allen Säugetieren gemeinsam haben, für das mystische Erleben eine zentrale Rolle spielen.

14 Zusammenhänge zwischen Gebären und Beten

Eine Möglichkeit, das Wesen des Menschen zu erkunden

Daß das Wesen des Menschen im Gebet seinen Ausdruck findet, wurde mir auf einem recht ungewöhnlichen Umweg bewußt. Ich dachte über die Körperhaltungen nach, die Frauen bei spontaner Wehentätigkeit am häufigsten einnehmen, falls sie sich nicht beobachtet oder beaufsichtigt vorkommen und keine vorgefaßte Meinung haben, wie die Entbindung abzulaufen hat. Am häufigsten beugen sie sich auf die eine oder andere Weise nach vorne. Viele sind während der Wehen auf allen vieren und stützen sich auf Hände und Knie auf. Während der allerletzten Austreibungskontraktionen, bei der die Tendenz zu einer aufrechteren Haltung geht, richten sich viele Frauen im Knien auf, doch manche stehen auch auf und lehnen sich über den Rand eines Möbelstücks, das heißt, sie beugen sich noch immer nach vorne. Wenn ich auf die Hausgeburten zurückblicke, bei denen ich zugegen war, wird mir klar, daß ich mich in der Mehrzahl der Fälle hinter die Frau begeben mußte, um das Baby kommen zu sehen.

In diesen typischen Haltungen läßt sich, wenn man den Geburtsvorgang zu begreifen versucht, durchaus ein Sinn erkennen. Viele Frauen drängt es offensichtlich dazu, sich auf alle viere niederzulassen, um besser mit ihren Schmerzen, vor allem den Rückenschmerzen zurechtzukommen. Bestimmte Positionen helfen nicht nur, die Schmerzen zu lindern, sondern erleichtern auch die notwendige Drehung des Babys im Becken der Mutter. Durch das Beugen nach vorne ist außerdem sichergestellt, daß die großen Blutgefäße – die Hohlvene und die

Aorta – nicht zwischen Rückgrat und Baby eingezwängt werden, denn dies würde den Blutfluß zur und von der Plazenta behindern. Kurz gesagt ist, wenn die Mutter sich während der Wehen nach vorn beugt, das Risiko minimal, daß der Fötus in eine Notsituation gerät. Diese mechanischen Sachverhalte sind unmittelbar einleuchtend, und so übersehen wir leicht das Wichtigste, nämlich daß eine Frau in den Wehen, die sich auf alle viere niederläßt, sich auf diese Weise leichter von der Außenwelt abkapseln kann. Ihre Körperhaltung ist die ideale Voraussetzung für die Drosselung der neokortikalen Aktivität und für die vermehrte Ausschüttung der Hormone, die die Gebärmutter zu wirkungsvollen Kontraktionen anregen. Dieses Bild einer Mutter, die auf Händen und Knien am Boden kauert und »auf einem anderen Planeten« ist, legt einen Zusammenhang zwischen Gebären und Gebet sehr nahe.

Daß das Gebet in allen Kulturen zu finden ist, liegt vermutlich daran, daß es einem biologischen Bedürfnis entspricht, das unser Leben ebenso durchzieht wie das Bedürfnis nach Transzendenz. Beten ist wie Singen und Lachen etwas spezifisch Menschliches. Unser Bild von der Gattung Mensch kann nur vollständig sein, wenn es auch die Physiologie und Funktion des Gebets umfaßt. Beten ist ein wirkungsvolles Mittel, um die Aktivität des neokortikalen Supercomputers zu drosseln, und hilft manchen Menschen, auf eine andere Wirklichkeitsebene jenseits von Raum und Zeit zu gelangen. Wir könnten sagen, daß es uns einen Weg in eine Realität eröffnet, mit der unsere Verwandten, die vierfüßigen Säugetiere, noch immer in Verbindung stehen. Sie brauchen nicht zu beten. Für sie besteht keine Notwendigkeit, sich hin und wieder von der Ruhelosigkeit eines gigantischen Neokortex freizumachen.

Die betende Hebamme

Der Zusammenhang zwischen Beten und Gebären wird auch an den Eigenschaften deutlich, die in nichtindustrialisierten Gesellschaften oft von einer Hebamme erwartet werden. In den 1980er Jahren zog Jacqueline Vincent Priya – die bis dahin als Marktforscherin gearbeitet hatte – nach Malaysia. Dort besuchte sie mit ihrer kleinen Tochter, die sie noch stillte, zahlreiche traditionelle Hebammen. Später reiste sie auch nach Thailand, wo sie zu den Lahu, den Akha und den Karen ging, und nach Indonesien, wo sie die Bataks, die Minangkabau und die Toraja aufsuchte. Eine Frau, so geht aus Priyas Nachforschungen hervor, kann in diesen traditionellen Gesellschaften Hebamme werden, wenn sie zum einen ihre Kinder leicht und mühelos zur Welt gebracht hat und wenn ihr zum anderen auch das Beten leichtfällt.[1]

Nami, eine Hebamme aus dem Stamm der Lahu in Nordthailand, erklärt mit großer Schlichtheit, wie sie Hebamme geworden ist:

> Ich habe meine Kinder ganz allein zur Welt gebracht und … ich weiß nicht … die Leute haben immer gesagt, weil ich meine Kinder ja allein zur Welt gebracht habe, könnte ich anderen helfen. Sie fingen an, zu mir zu kommen, damit ich ihnen helfe, und ich glaube, das mache ich jetzt seit ungefähr zwanzig Jahren.

Das könnte den Leuten zu denken geben, die in modernen Hebammenschulen für die Auswahl der Kandidatinnen verantwortlich sind!

Viele Hebammen, die Jacqueline Vincent Priya besuchte, erwähnten das Beten und die »Verbindung zu den Geistern« als ein Mittel, einer Frau in den Wehen beizustehen, doch sie waren nicht gewillt, Details über ihr Beten preiszugeben. Offensichtlich betrachteten sie das Beten als einen höchst intimen Aspekt ihres Lebens. So sagte eine malaiische Hebamme namens Buleh: »Die besonderen Gebete, die ich benutze, kann ich nicht verraten, denn sie sind ein Geheimnis zwischen mir und dem Geist.« Auch hier erscheinen Beten und Gebären wieder als eminent private Geschehnisse, bei denen die Gesellschaft auf Distanz gehalten wird.

In unserer Zeit ist es dringend notwendig, zu den Wurzeln der Hebammenkunst zurückzugehen und sich auf die wesentlichen Eigenschaften traditioneller Geburtsbegleiterinnen zu besinnen. In der modernen Gesellschaft hat eine Hebamme typischerweise eine lange Ausbildung hinter sich und ist durch ihr hochspezialisiertes Wissen zu einer Expertin geworden. Sie hat wenig mit jenen traditionellen Hebammen gemeinsam, die dadurch zu ihrer Aufgabe gefunden haben, daß Frauen aus ihrer Umgebung sich bei ihnen sicher fühlten. Es scheint ein durchaus plausibles Kriterium für die Eignung einer Frau zur Hebamme zu sein, ob ihre Geburten leicht vonstatten gegangen sind. Die Fähigkeit, zeitgleich mit einer Frau in den Wehen auf eine andere Bewußtseinsebene zu wechseln, fügt sich nahtlos in das Bild ein, das wir von der Physiologie der Geburt entworfen haben: Eine ins Gebet versunkene Hebamme stört die Gebärende nicht in demselben Maße wie jemand, der sich wie ein Beobachter oder ein fachkundiger »Betreuer« verhält. Diese traditionellen Strategien lassen sich im übrigen durchaus damit vereinbaren, daß eine Hebamme sich das Grundwissen aneignet, das unsere heutige Gesellschaft von ihr verlangt.

Vergleichbare Hemmnisse

Die hauptsächlichen Hindernisse, die wir zu überwinden haben, wenn wir die physiologischen Abläufe beim spontanen, authentischen Beten ergründen wollen, sind dieselben, die einem tieferen Verständnis der Geburtsphysiologie entgegenstehen. In beide Geschehnisse greifen menschliche Gesellschaften regulierend ein. Das Geburtsgeschehen wird gewöhnlich dadurch gestört, daß die Gesellschaft das Bedürfnis der Mutter nach Rückzug in eine Intimsphäre ableugnet, Rituale inszeniert und auf überlieferten Vorstellungen beharrt. Das Gebet wird in allen Religionen mehr oder weniger stark reglementiert, besonders in den vier prophetischen Religionen. Zum Beispiel müssen männliche Juden zweimal am Tag das Sh^{e}ma Israel rezitieren. Die islamische Salat ist täglich fünfmal zu verrichten, und der Betende muß sich in einer genau festgelegten Haltung in Richtung Mekka wenden. Auch die Religionen der meisten schriftlosen Kulturen lenken das menschliche Bedürfnis zu beten in feste Bahnen, doch es gibt auch Formen des spontanen Gebets, etwa bei den Negritos auf den Philippinen und den Alakaluf in Feuerland.[2]

Wir können also nur extrapolieren und uns versuchen vorzustellen, wie die reine, authentische, spontane Form des instinktiven Betens ursprünglich ausgesehen haben mag. Was den Geburtsablauf angeht, stehen wir zwar vor ähnlichen Schwierigkeiten, doch an der Schwelle des neuen Jahrtausends fällt es uns anscheinend leichter, ein klares Bild von den universellen Aspekten des Geburtsablaufs zu gewinnen. Manche Frauen sind, ganz gleich, aus welchem kulturellen Milieu sie stammen, in der Lage, sich bei der Entbindung ganz ihren Instinkten zu überlassen; deshalb sind die Ähnlichkeiten zwischen ihren Verhaltensweisen weit auffallender als die Unterschiede. Aus manchen Einzelfällen können wir viel lernen, etwa aus der Geschichte einer alleinstehenden jungen Mutter, die ihr Kind ganz allein und unbeobachtet in ihrem Badezimmer zur Welt brachte. Wir wissen noch so wenig über die Physiologie der Geburt und des Betens, daß wir neue Erkundungsstrategien niemals einfach abtun sollten – und eine dieser Strategien besteht eben darin, Lebensaspekte miteinander zu vergleichen, zwischen denen auf den ersten Blick keinerlei Verbindung zu sehen ist.

So wie wir die Physiologie der Geburt besser verstehen, wenn wir sie in Beziehung zu anderen Aspekten unseres Sexuallebens setzen, ist auch eine Gegenüberstellung von Gebären und Beten lohnend. Denn dabei tritt klarer hervor, daß der Mensch zwar ein Gesellschaftswesen ist, sich aber hin und wieder seinem Status als »Person« entziehen muß. Das Wort »Person« kommt vom lateinischen *persona*, das die Maske des Schauspielers bezeichnete, und meint demnach das Bild von uns, das wir anderen präsentieren.

Ein Mensch kann nicht pausenlos »Person« sein, denn das würde ihn aufzehren und unter manchen Umständen seine Gesundheit schädigen. Es gibt Zeiten, in denen wir den Kontakt zu den anderen abbrechen müssen, um in Demut und Bescheidenheit wir selbst und für uns zu sein. Mit anderen Worten, wir müssen die Kontrolle drosseln, die der Neokortex gewöhnlich über unser Alltagsleben ausübt. Das Bedürfnis zu beten erreicht im frühen Erwachsenenalter seinen Höhepunkt, wenn der Neokortex voll entwickelt ist. Beten ist der Weg, der zu unseren Säugetier-Wurzeln zurückführt. Zumindest im übertragenen Sinn neigen wir uns dabei. Der ursprüngliche Beweggrund für das Beten könnte also sein, daß wir gelegentlich die Maske ablegen möchten, die wir der Welt zeigen.

Auf ganz ähnliche Weise verspürt auch eine gebärende Frau ein unabweisliches Bedürfnis, ihre Maske abzulegen und aufzuhören, eine »Person« zu sein. Wenn die Wehen einsetzen, zieht sie sich in Demut von anderen Menschen zurück und fügt sich in ihr Dasein als Säugetier. Sie verspürt den Drang, sich zu neigen …

Zusammenfassung

Das Bild einer Frau in den Wehen, die sich auf Hände und Knie niederläßt und wirkt, als sei sie »auf einem anderen Planeten«, legt einen Zusammenhang zwischen Gebären und Beten nahe. Sowohl das Gebären als auch das Beten sind eminent intime Geschehnisse, bei denen andere Menschen in wirkungsvoller Weise auf Distanz gehalten werden.

15 *Mit Wasser die Bremsen lösen*

Als ich von der Notwendigkeit sprach, die Sexualität als eine Ganzheit zu betrachten, wies ich darauf hin, daß bei uns Menschen Geschlechtsverkehr, Geburt und Stillen von dem Teil des Gehirns behindert werden können, der am höchsten entwickelt ist – vom Neokortex. Die neokortikalen Bremsen sind insbesondere in Situationen aktiv, in denen der Adrenalinspiegel in die Höhe geht, also beispielsweise bei drohender Gefahr. Die Erfahrung sagt uns, daß in bestimmten Situationen das »Lösen der Bremsen« leichter vonstatten geht, wenn Wasser in der Nähe und verfügbar ist.

Von Frauen lernen

Mein Interesse an der machtvollen Wirkung, die das Vorhandensein von Wasser auf Menschen ausüben kann, geht auf eine Zeit zurück, in der ich möglichen Umgebungseinflüssen auf die physiologischen Vorgänge bei der Geburt nachging. Es war offensichtlich, daß viele Frauen in den Wehen sich zum Wasser hingezogen fühlen. Sie wollen zum Beispiel unbedingt duschen oder baden. Eines Tages ging ich in ein Geschäft in der Hauptstraße unserer Stadt und erstand ein aufblasbares blaues Kinderplanschbecken. So nahm die Geschichte der Entbindungswanne im Krankenhaus ihren Anfang.[1] Sobald das Becken im Einsatz war, machte ich die faszinierendsten Beobachtungen zu der Anziehungskraft, die das Wasser auf den Menschen ausübt. Ich könnte von zahllosen Frauen erzählen, die sich während der Wehen derart unwiderstehlich zum Wasser hingezogen fühlten, daß sie die sorgfältigsten Planungen des Klinikpersonals über den Haufen warfen. Manche waren nicht mehr zu halten, sobald der Wasserhahn aufgedreht wurde, und stiegen in das Becken, obwohl noch kein Fingerbreit Wasser darin war. Als erste Lektion lernten wir, daß eine Hemmschwelle zu fallen schien, sobald wir bei einer Frau in den Wehen die Erwartung weckten, daß sie sich ins Wasser begeben konnte – das heißt wenn sie das Wasser einlaufen hörte und in dem Raum, dessen Wände blau gestrichen und mit Delphinbildern verziert war, das blaue Wasser sah.

Jenseits der Alltagspraxis

Einige Zeit danach ging mir auf, wie universell diese gewaltige Anziehungskraft des Wassers während der Wehen ist. Wo in tropischen Regionen Zugang zu einem ruhigen Gewässer besteht, bringen Frauen ihre Kinder oft an einem Fluß, an einem See oder am Meer zur Welt. An der australischen Westküste pflegten die Aborigine-Frauen, ehe sie am Strand ihr Kind gebaren, durch seichtes Wasser zu gehen. Es ist recht wahrscheinlich, daß in früheren Zeiten in verschiedenen, weit voneinander entfernt liegenden Regionen – etwa im heutigen Kolumbien und Panama, auf einigen der polynesischen Inseln oder auf den südlichen japanischen Inseln – schwangere Frauen in ruhigen warmen Gewässern Entspannung suchten und dort sogar ihre Kinder zur Welt brachten. Vielleicht konnte diese Anziehungskraft des Wassers auf Gebärende in kühleren Ländern einfach nicht zum Tragen kommen, solange es kein warmes fließendes Wasser gab. Oft machte sie sich freilich trotzdem bemerkbar. Als zu Beginn des zwanzigsten Jahrhunderts in Europa noch fast alle Kinder zu Hause geboren wurden, waren die Väter meist stundenlang mit dem Abkochen von Wasser beschäftigt. Dieses

Ritual läßt sich als ein unbewußter Versuch auffassen, Wasser in den Geburtsablauf mit einzubeziehen.

Bemerkenswert sind die Parallelen zwischen dem geheimnisvollen Einfluß von Wasser auf den Geburtsvorgang und der erotischen Macht des Wassers.[2] Eine eingehende Untersuchung der Inspirationen, die Dichter, Maler, Filmemacher, Romanautoren, Werbestrategen oder Restaurantbesitzer aus der erotischen Macht des Wassers bezogen haben, würde Bände füllen. Und von welchen Reisezielen träumen junge Paare, wenn sie an ihre Flitterwochen denken?

Eine vom Wasser geprägte Umgebung scheint auch den »Milchejektionsreflex« günstig zu beeinflussen. Manche Stillberaterinnen wissen die Geräusche des Wassers zu nutzen: Falls eine Frau ihre Milch abpumpen muß, wird ihr das unter oder neben der Dusche möglicherweise leichter fallen.

Hinzuzufügen wäre, daß »ozeanische« und mystische Empfindungen sich eher an einem Strand, einem Fluß oder einem See einstellen.

Erklärungen für die Macht des Wassers

Die mysteriösen Effekte des Wassers auf unsere neokortikalen Bremsen lassen sich recht leicht belegen und veranschaulichen. Die eigentliche Frage aber lautet: Sind diese Wirkungen ein Aspekt unserer Säugetier-Natur, oder ist unser intensives Verhältnis zum Wasser nicht doch ein spezifisch menschlicher Zug? Zwar verbringen alle Säugetiere, einschließlich der Primaten, ihr Leben als Fötus im Wasser, doch einige zwingende Gründe sprechen dafür, den Menschen unter diesem Aspekt noch genauer zu betrachten.

Im allgemeinen sieht man Wesen der Gattung Mensch heute als Primaten, die sich während bestimmter Phasen ihrer Entwicklungsgeschichte an ein Leben an der Küste anpaßten. Jede Untersuchung der menschlichen Natur sollte von der grundlegenden und unausweichlichen Frage ausgehen: An welche Art von Umgebung waren wir *ursprünglich* angepaßt?

Bei anderen Säugetieren, vor allem den Primaten, ist diese Frage einfach zu beantworten. Beispielsweise ist klar, daß der gemeine Schimpanse ursprünglich an den afrikanischen Tropenwald angepaßt war und einen großen Teil seiner Zeit auf den Bäumen verbrachte, während Paviane in trockeneren arabischen und afrikanischen Regionen lebten und sich vorwiegend am Boden aufhielten. Was die Gattung Mensch angeht, sind Wissenschaftler auf Hypothesen und Theorien angewiesen.

Man ist sich derzeit weitgehend einig darüber, daß der Zweig der Hominiden sich vor etwa sechs Millionen Jahren von der Entwicklungslinie der anderen Schimpansen abgespalten hat. Das bevorzugte Szenario war bis vor kurzem, daß unsere Vorfahren das Leben in den Bäumen aufgaben, um im offenen Flachland zu leben. Laut der »Savannentheorie« ist dieser Wechsel des Lebensraums der entscheidende Faktor, der die Entwicklung der Gattung Mensch einleitete. Heute aber sprechen viele gewichtige Argumente dafür, die »Savannentheorie« fallenzulassen, vor allem weil man aufgrund verschiedener Faktoren den Entstehungszeitpunkt der Savanne in Afrika vermutlich neu ansetzen muß: aufgrund der Neudatierung des Zeitraums, in dem es zu einem explosionsartigen Auftreten verschiedener neuer Arten von Huftieren kam, aufgrund von Pollenanalysen und aufgrund näherer Untersuchungen der Fossilien von kleinen Säugetieren, die man bei den Fossilien von Hominiden gefunden hat.[3] Die Gattung Mensch hatte sich wahrscheinlich bereits herausgebildet, als die Savannen entstanden. Außerdem müssen wir berücksichtigen, daß das Skelett unserer berühmten Vorfahrin Lucy *(Australopithecus*

Afarensis) im Sand zwischen Schildkröten- und Krokodileiern und Krabbenscheren gefunden wurde. Die Knochen eines älteren *Australopithecus*, die 1995 nahe beim Turkanasee in Kenia gefunden wurden, waren von vielen Wirbeltierfossilien umgeben, unter anderem von Fischen und Wasserreptilien.[4]

Wir dürfen auch nicht vergessen, daß es die menschliche Gattung zwar seit mehreren Millionen Jahren gibt, aber *Homo sapiens* eine noch junge Spezies ist. Erwähnenswert ist hierbei, daß die ältesten bislang bekannten Fußspuren eines modernen Menschen – die man auf ein Alter von 117 000 Jahren datiert – am Ufer einer südafrikanischen Lagune gefunden wurden.

Während die »Savannentheorie« in sich zusammenfällt, gewinnt eine Alternativhypothese, die oft die Theorie vom »Meeraffen« oder »Wasserschimpansen« genannt wird, allmählich an Boden und vermag plausible Erklärungen für bislang rätselhafte Phänomene zu liefern. Mehr oder weniger unabhängig voneinander haben Max Westenhöfer[5] bereits 1942 in Berlin und Alister Hardy[6] 1960 in Oxford aufgezeigt, daß mehrere Kennzeichen, in denen sich die menschliche Gattung von den Menschenaffen unterscheidet, auf die Anpassung an eine halbmarine Umwelt schließen lassen. Im Anschluß an diese Pionierarbeiten hat Elaine Morgan mit Enthusiasmus, Kreativität und Ausdauer die Theorie vom »Meeraffen« weiterentwickelt und immer wieder auf den neuesten Stand gebracht.[7,8,9]

Unter genetischen Gesichtspunkten sind wir eine Art Schimpanse (da wir zu 98,5 Prozent dieselben Gene haben), doch wir unterscheiden uns von diesem engen Verwandten durch Dutzende von markanten Merkmalen, die allesamt mit der Anpassung an ein Leben an der Küste vereinbar sind.

Die Zweifüßigkeit – Stehen und aufrechtes Gehen und Rennen – war von Anfang an ein Kernpunkt der Theorie. Sowohl Westenhöfer als auch Hardy meinen, daß sich die Vorfahren der menschlichen Gattung auf äußeren Druck hin auf die Zweifüßigkeit verlegten, da sie gezwungen waren, immer wieder durch seichtes Wasser zu waten. Es ist bekannt, daß menschliche Babys in flachem Wasser früher laufen können als auf dem trockenen Land. Bemerkenswert ist auch, daß der einzige wildlebende Primat, der sich gewöhnlich auf zwei Beinen fortbewegt, der Nasenaffe auf Borneo ist – ein Primat, der oft gezwungen ist, seichtes Wasser zu durchqueren. Eine der Erklärungshypothesen ist, daß einige unserer Vorfahren, als ein Teil Ostafrikas vom Meer überflutet war, auf einer Insel abgeschnitten waren.

Als die Vorfahren der menschlichen Gattung begannen, sich vorzugsweise auf zwei Beinen fortzubewegen, waren damit günstige Bedingungen für eine dramatische Weiterentwicklung des Gehirns gegeben. Eine aufrechte Haltung ist gut mit einem höheren Gewicht des Kopfes vereinbar (schwere Lasten können wir auf dem Kopf nur tragen, wenn wir aufrecht gehen). Außerdem bietet die Nahrungskette an der Küste die besten Möglichkeiten, sich unbegrenzte Mengen an sämtlichen Nährstoffen zu verschaffen, die für die Entwicklung des Gehirns erforderlich sind. Zu diesen Nährstoffen zählen die langkettigen Omega-3-Fettsäuren, die in Meeresfrüchten reichlich vorkommen, und zwar direkt und nicht nur in einer Vorform.[10] Sobald unsere Vorfahren Zugriff auf die Nahrungskette der Küste hatten, stand ihnen eine ideale Palette an Nährstoffen vom Land und aus dem Meer zur Verfügung, so daß sie ihr Entwicklungspotential voll ausschöpfen konnten.[11,12]

In den 90er Jahren gewann die »Meeraffen«-Theorie durch Erkenntnisse über die spezifischen Nährstoffe, die das sich entwickelnde Gehirn braucht, weiter an Plausibilität. Bis dahin ließ sich nicht erklären, warum das menschliche Gehirn viermal so groß wie das von anderen Schimpansen ist und warum, was das Verhältnis zwischen grauer Substanz und gesamter Gehirnmasse angeht, keine Unterschiede zwischen Wesen der Gattung

Mensch und mit ihnen nicht verwandten Säugetieren wie dem Delphin bestehen. Für Biologen ist eines der größten Rätsel der menschlichen Natur, daß wir ein enorm großes Gehirn mit Energie zu versorgen haben, während unser Körper nicht sehr gut darauf eingerichtet ist, eines der Moleküle, das unser Nervensystem unbedingt braucht (Docasahexaensäure, kurz DHA), selbst herzustellen.

Schon im Buch Genesis wird die Nacktheit als eines der wesenhaften Merkmale des Menschen aufgefaßt. Zur Zeit Darwins sah man darin eines der großen Rätsel der Wissenschaft. Darwin selbst wies die Vorstellung zurück, das Nacktsein sei unser bester Schutz gegen die vielen Hautparasiten tropischer Regionen. Wenn das der Fall sei, meinte er, hätten ja auch andere Tierarten, die in den Tropen lebten und mit demselben Problem zu kämpfen hatten, sich ihres Haarkleids entledigt. Jeder Versuch, die menschliche Nacktheit zu erklären, sollte jedoch an der Hauptfunktion eines Fells ansetzen, die darin besteht, eine Luftschicht um den Körper zu legen und ihn so gegen Temperaturschwankungen zu schützen. Im Wasser ist ein Fell überflüssig. Die meisten Meeressäuger sind unbehaart. Ein Fell haben nur diejenigen von ihnen, die das Wasser verlassen und sich in einem kalten Klima an Land aufhalten können, zum Beispiel Seehunde, Otter und Biber. Ähnlich mysteriös wie unsere Nacktheit scheint die Fettschicht unserer Unterhaut zu sein. Dieses Merkmal haben wir nicht mit den Menschenaffen gemeinsam, dafür aber mit Säugetieren, die an das Leben im Meer adaptiert sind. Außerdem steuern wir unsere Körpertemperatur über Schweißdrüsen, und von allen Säugetieren sondern wir am meisten Schweiß ab. Das Schwitzen galt lange als eine rätselhafte Verirrung der Natur, denn es zieht dem Körper große Mengen an Wasser und Salz ab. Das ergibt keinen Sinn, solange man den Menschen in erster Linie als einen Primaten sieht, der bestimmte Merkmale des Fötus oder des Säuglings bis ins

Erwachsenenalter beibehält. (Im übrigen regelt das menschliche Baby seine Körpertemperatur in den ersten Wochen nicht durch Schwitzen.) Dagegen erscheint der Mechanismus des Schwitzens in einem neuen Licht, wenn wir davon ausgehen, daß der Mensch ursprünglich an eine Umgebung angepaßt ist, in der Wasser und Salz frei verfügbar sind. Aufschlußreich ist, daß neben uns Menschen die Pelzrobben die einzigen Säugetiere sind, die bei Überhitzung an Land schwitzen (sie sondern Schweiß über die nackten Schwanzflossen ab). Das Schwitzen ist somit ein weiteres Merkmal des Menschen, das sich mit einer Anpassung an die Küste in Einklang bringen läßt.

Wir könnten noch viele andere faszinierende Merkmale des Menschen herausgreifen, etwa das Hautdreieck zwischen Daumen und Zeigefinger (das der Schwimmhaut von Enten ähnelt), die Tatsache, daß unsere große Zehe – anders als beim Schimpansen – mit den anderen verbunden ist, den anatomischen Aufbau unserer Atemwege oder die Zahl der Blutzellen pro Kubikmillimeter. An allen diesen Kennzeichen läßt sich ablesen, daß wir an eine halbmarine Umgebung angepaßt sind.

Eine weitere Eigenheit des Menschen ist, daß er Gefühle durch Tränen zum Ausdruck bringen kann. Dies würde zu einer Anpassung an das Meer passen, denn Meerechsen (eine Leguangattung), Schildkröten, Salzwasserkrokodile, Seeschlangen, Seehunde und Seeotter weinen salzhaltige Tränen, während Landsäuger weder Tränen noch eine Art Salzdrüse in der Nase haben. Die Tränendrüsen des Menschen lassen sich als Rudiment eines besonderen Mechanismus für die Salzausscheidung deuten.

Wir können auch einen der vielen Unterschiede heranziehen, die beim Vergleich der Fotos eines Menschen und eines Schimpansen ins Auge springen: Der eine hat eine Nase, der andere nur zwei Atemlöcher. Das Merkmal der langen Nase haben wir mit dem Nasenaffen gemeinsam, der ein an die Küste angepaßter Schwimmer ist.

Auch ein weiteres bemerkenswertes Faktum scheint sich in das neue Bild des *Homo sapiens* zu fügen: Die beiden Wundermittel der letzten fünfzig Jahre sind Fischöl und Aspirin. Mit ihnen, so heißt es, läßt sich eine erstaunliche Bandbreite von Leiden kurieren, und zwar vor allem spezifisch menschliche Erkrankungen. Man hat festgestellt, daß Fischölkapseln das Risiko oder die Auswirkungen folgender Krankheiten und Störungen verringern: koronare Herzkrankheit, Hypercholesterinämie, Bluthochdruck, Schuppenflechte und andere Hautkrankheiten, Migräne, Schmerzen bei der Menstruation, verschiedene Formen des Rheumatismus, Legasthenie, Aufmerksamkeitsdefizitstörung, mangelhafte Dunkeladaptation des Auges, allergische Erkrankungen, Colitis ulcerosa, Morbus Crohn, Präeklampsie, intrauterine Wachstumsretardierung und sogar einige Krebsarten. Aspirin ist zweifellos das weltweit am häufigsten verwendete Medikament und greift ebenso wie Fischöl in den Prostaglandin-Stoffwechsel ein. Die Prostaglandine sind eine wichtige Gruppe von Zellregulatoren, und es scheint, als seien bei einer sehr großen Zahl von Menschen gleichartige Modifikationen des Prostaglandin-Stoffwechsels notwendig. Die biochemische Theorie besagt, daß bei Menschen, die leichten Zugriff auf die marine Nahrungskette haben, eine solche Korrektur eigentlich überflüssig sein müßte. Vielleicht bieten uns diese modernen Allheilmittel einen Ansatzpunkt, von dem aus sich die Natur des Menschen erforschen läßt.

Die Vorstellung vom *Homo sapiens* als einem Affen, der an das Leben an der Küste angepaßt ist, bedeutet eine derart radikale Umwälzung unseres gängigen Menschenbildes, daß sie nur langsam ins allgemeine Bewußtsein dringen wird. Diese neuartige Vorstellung ist ein weiterer zentraler Aspekt der wissenschaftlichen Revolution, die sich heute vollzieht. Sie gewinnt zur selben Zeit an Konturen, da die wissenschaftliche Fundierung der Liebe große Fortschritte macht. Wir verstehen nun besser, warum Menschen sich geborgener fühlen, wenn Wasser in der Nähe ist, und warum das Wasser einen solchen Zauber auf uns ausübt.

Zusammenfassung

Wasser besitzt eine erotische Macht, kann auf geheimnisvolle Weise den Geburtsvorgang beeinflussen und zur Erleichterung des Stillens eingesetzt werden. Das Symbol des Wassers vermittelt Menschen unter den verschiedensten Umständen Sicherheit und Geborgenheit. Was ist die gemeinsame Wurzel dieser in allen Kulturen anzutreffenden Phänomene?

16 *Liebe zwischen Molekülen*

»Wenn Wissenschaftler die Liebe auf molekularer Ebene untersuchen, werden wir auch Neues über unser Gefühlsleben erfahren.« Das habe ich vor zwanzig Jahren geschrieben, doch eigentlich konnte ich mir damals nicht vorstellen, daß meine Annahme sich je als wissenschaftlich haltbar erweise würde.

Heute zögere ich nicht zu behaupten: Das Hormon der Liebe bewirkt, daß das Hormon des Herzens ausgeschüttet wird. Hätte ich so etwas in den 80er Jahren geschrieben – im Mittelalter der wissenschaftlichen Fundierung der Liebe –, wäre ich für verrückt erklärt worden. Nicht so im Jahre 2000. Wenn ich Oxytozin das Hormon der Liebe nenne, ist das heute naturwissenschaftlich begründbar, und ebenso hat man nachgewiesen, daß Oxytozin bestimmte Herzzellen dazu anregt, einen chemischen Botenstoff auszuschütten, den atrialen natriuretischen Faktor.[1]

Bis vor kurzem waren ausschließlich Hirnforscher damit befaßt, die Physiologie der Gefühle zu ergründen. In den 80er Jahren war es Mode, die Emotions-Schaltkreise des Gehirns zu kartographieren und die verschiedensten Gefühlsreaktionen zu induzieren, indem man genau umschriebene Areale in den archaischen Hirnregionen reizte. Die Tatsache, daß die emotionale Verschaltung des Säugetiergehirns in einer frühen Entwicklungsphase erfolgt, erfuhr gebührende Aufmerksamkeit. Man war sich allgemein einig, daß tragfähige Emotionstheorien auf einer eingehenden Untersuchung der Hirnstrukturen gründen müssen, die wir mit allen Säugetieren gemeinsam haben, also des limbischen Systems. Zu jener Zeit konnte man den Eindruck bekommen, die Emotionsforscher seien völlig auf das limbische System fixiert.

In den 90er Jahren verschärfte sich die Tendenz noch weiter,

Gefühle einzig und allein unter dem Gesichtspunkt der Hirnphysiologie zu betrachten, denn nun standen hochdifferenzierte bildgebende Verfahren zur Verfügung. Die Positronenemissionstomographie zum Beispiel erlaubt es, die zu einem gegebenen Zeitpunkt aktivsten Hirnareale zu bestimmen, indem man ihren Energieverbrauch mißt, und die Kernspintomographie macht die Bereiche sichtbar, die den meisten Sauerstoff enthalten. Man begann die emotionalen Schaltkreise des Gehirns aber auch zunehmend als Teil des komplexen Netzwerks zu sehen, das ich das »primäre Adaptionssystem« nenne.

Das Wesen der Gefühle läßt sich nicht verstehen, solange wir das Augenmerk nur auf das Gehirn richten. Wir müssen uns von der allzu simplen Vorstellung lösen, daß einem Organ immer nur eine ganz bestimmte Funktion zugeordnet ist. Daß wir an dieser Idee festhalten wollen, ist indes nur zu verständlich: Die Anatomie ist eine alte Wissenschaft, die biochemische Physiologie noch eine recht neue. Die Zeit ist reif dafür, den alten Vorstellungen Lebewohl zu sagen.

In der Vergangenheit schrieb man dem Herzen nur eine einzige genau umrissene Funktion zu, die einer Pumpe. Heute wissen wir, daß spezialisierte Herzzellen »Botenstoffe« zur Informationsübertragung freisetzen können. Früher verstand man den Darm ausschließlich als ein Organ, in dem Nahrung verdaut und die Nährstoffe absorbiert werden. Heute wissen wir, daß er auch eine hochkomplexe endokrine Drüse ist.

Dank der Arbeit von Physiologen, die die Interaktion zwischen »Botenstoffen« und den entsprechenden Rezeptoren untersuchen, beginnen wir heute ein neues Verständnis von emotionalen Zuständen zu entwickeln.

Rezeptoren, Botenstoffe und Bindungsstellen

Rezeptoren sind Proteinmoleküle, die auf Zellebene operieren. Sie bilden Cluster in den Zellmembranen oder innerhalb der Zellen und warten darauf, daß der richtige »Botenstoff« sie erreicht, damit sie an ihn binden können. Dieses Phänomen der selektiven Anziehung und Bindung läßt sich als Liebe auf molekularer Ebene auffassen. Der Fachbegriff für die »Botenstoffe«, die selektiv an ihre spezifischen Rezeptoren andocken, lautet »Ligand«, von lateinisch *ligare*, »festmachen, anbinden«. Um Wesen und Rolle der Liganden zu verstehen, ist es erneut notwendig, alles auf den Kopf zu stellen, auch das Vokabular. Selbst Ausdrücke wie »Hormone«, »endokrines System« oder »Immunsystem« stiften Verwirrung. Schon 1986 hatte ich das Bedürfnis, einen einfachen, treffenden Begriff zu finden, mit dem sich so sperrige Wendungen wie »psycho-neuro-immuno-endokrinologisches System« vermeiden ließen. Ich schlug den Terminus »primäres Adaptionssystem« [primal adaptive system] vor. Mit dem Ausdruck »primär« (sowohl zeitlich als auch von der Bedeutung her an erster Stelle) hebe ich darauf ab, daß dieses System bereits in der »primären Periode« eines Menschen, die von der Empfängnis bis zu seinem ersten Geburtstag reicht, einen hohen Grad an Reife erreicht.[2]

Man hat bereits Hunderte von Liganden ermittelt und analysiert. Unter chemischen Gesichtspunkten lassen sie sich in zwei Gruppen unterteilen. Die Gruppe der Steroide heißt so, weil ihr Muttermolekül das Cholesterin ist. Zu ihnen gehören die Kortikosteroide, etwa das in den Nebennieren produzierte Kortisol, und auch Sexualhormone wie das Testosteron, die Östrogene und das Progesteron. Steroide wirken auf Rezeptoren ein, die im Zellkern lokalisiert sind. Nach der herkömmlichen Klassifikation sind sie alle Hormone. Die zweite Gruppe der Liganden sind die Peptide. Sie sind aus Aminosäuren aufgebaut und wirken auf Rezeptoren ein, die sich auf der Zelloberfläche befinden. Manche dieser Moleküle sind sehr klein und bestehen aus nur einer oder wenigen Aminosäuren. Dies gilt für die Liganden, die wie zum Beispiel Acetylcholin oder Dopamin dem Informationsaustausch zwischen Nervenzellen dienen und üblicherweise als »Neurotransmitter« bezeichnet werden. Andere, komplexere Peptide sind aus einer größeren Zahl von Aminosäuren gebildet und werden herkömmlicherweise als »Hormone« klassifiziert. Oxytozin oder Vasopressin zum Beispiel sind Nonapeptide, das heißt aus neun Aminosäuren aufgebaut.

Die Treue der Liganden

Hunderte von Forschungsteams sind derzeit damit beschäftigt, die Anziehungskräfte zwischen all diesen Botenstoffen und ihren spezifischen Rezeptoren zu untersuchen und ihre sogenannten Bindungsstellen zu analysieren. Einen brillanten Überblick über dieses vielversprechende Forschungsgebiet hat Candace Pert[3] gegeben, die Neurowissenschaftlerin, die 1973 die Existenz von Opiatrezeptoren im Gehirn nachwies und den Weg zur Entdeckung der Endorphine ebnete. Ich möchte hervorheben, daß eines der Hauptmerkmale der Liganden das Bild von der Liebe auf molekularer Ebene noch plausibler erscheinen läßt: Liganden sind treu – sie sprechen ausschließlich mit ihren eigenen Rezeptoren.

Es wäre unangebracht, in unserer skizzenhaften Einführung in die wissenschaftliche Fundierung der Liebe auf Details einzugehen, die nur für einen kleinen Kreis hochspezialisierter Fachleute verständlich wären. Dennoch möchte ich einige für uns relevante aktuelle Forschungsprojekte kurz streifen.

Zum Beispiel Oxytozin

Wenn wir uns etwa die Forschung zu den Oxytozin-Rezeptoren anschauen, stellen wir fest, daß derzeit ein breites Spektrum an Fragestellungen untersucht wird. Einige Forschungsteams befassen sich mit den Oxytozinrezeptoren in der Uterusmuskulatur. Die praktische Bedeutung ihrer Bemühungen liegt auf der Hand, denn man ist sich einig darüber, daß die Wehen nur dann zur rechten Zeit einsetzen können, wenn eine erhöhte Ansprechbarkeit für Oxytozin gegeben ist. Diese Steigerung der Sensibilität wird anscheinend über eine Vermehrung der Oxytozin-Bindungsstellen erreicht. Ein schwedisches Forschungsteam entnahm bei 50 Frauen, die sich aus ganz unterschiedlichen Gründen einem Kaiserschnitt unterziehen mußten, ein winziges Stück aus der Uterusmuskulatur.[4] Bei manchen von ihnen stellten sich keine Wehen ein, andere waren in der aktiven Phase der Spontanwehen, bei wieder anderen kam es zu einem »Wehenstillstand«; manche konnten mit Hilfe einer Oxytozin-Infusion gebären, während bei anderen auch das nichts half. Das erste Ergebnis der Studie war, daß die Zahl der Bindungsstellen bei denjenigen Frauen kleiner war, die keine Wehen hatten. Das zweite Ergebnis war, daß auch das Muskelgewebe der Frauen, bei denen ein Kaiserschnitt vorgenommen wurde, weil die Wehen zum »Stillstand« gekommen oder durch die Gabe von Oxytozin nicht zu beeinflussen waren, eine geringere Zahl von Oxytozin-Rezeptoren aufwies.

Diese Befunde werfen Fragen auf und regen zu Spekulationen an. Beispielsweise können wir uns fragen, warum nicht alle Frauen in den Wehen gleich viele Oxytozin-Rezeptoren bilden, und die Hypothese aufstellen: Wenn eine Frau bei früheren Gelegenheiten vermehrt Oxytozin freisetzen konnte, dann sind die Voraussetzungen günstig, daß in den Wehen viele Rezeptoren gebildet werden. Unter diesem Aspekt wäre es aufschlußreich, Frauen, die ihr erstes Baby bekommen, mit anderen Frauen zu vergleichen, die schon einmal entbunden und gestillt haben. Wir könnten sogar spekulieren, ob körperliche Selbsterkundung, Flirten und Geschlechtsverkehr die Uterusmuskulatur auf die Wehen vorbereiten.

Andere Forschungsteams analysieren die Oxytozin-Rezeptoren, die an der Ausschüttung von Prostaglandinen während der Wehen beteiligt sind. Sie konzentrieren sich dabei auf die Gebärmutterschleimhaut (das Endometrium), die Plazenta[5] oder das Amnion[6], also die innerste Hülle, die den Fötus umgibt.

Andere Teams untersuchen die Oxytozin-Rezeptoren in der weiblichen Brust. Da der »Milchejektionsreflex« die Einwirkung von Oxytozin voraussetzt, ist es nicht verwunderlich, daß sich in den Brüsten einer Mutter eine hohe Dichte von Rezeptoren feststellen läßt.

Einige Neurowissenschaftler interessieren sich vor allem für die Oxytozin-Rezeptoren in verschiedenen Hirnregionen. Die Oxytozin-Rezeptoren im Gehirn sind denen in Gebärmutter und Brust recht ähnlich. Man hat sie in verschiedenen Regionen des Stammhirns nachgewiesen. Bei Rattenweibchen erhöht sich während des Gebärens die Zahl der Oxytozin-Rezeptoren in einer bestimmten Hirnstruktur, die gewöhnlich BNST genannt wird (»bed nucleus of the stria terminalis«)[7]. Wenn man im Experiment dieses Areal zerstört, ist das mütterliche Verhalten gehemmt, ohne daß jedoch der Geburtsablauf gestört würde. Das legt nahe, daß die Oxytozin-Rezeptoren dieses Hirnareals für mütterliches Verhalten eine wichtige Rolle spielen. In den Studien, die der Liebe auf molekularer Ebene nachspüren, bestätigt sich also, daß das Oxytozin ein wichtiges Hormon der Liebe ist.

Am Ende dieses raschen und notgedrungen oberflächlichen Überblicks über ein vielversprechendes Forschungsgebiet möchte ich noch einmal betonen, daß eine physiologische Untersuchung von Gefühlszuständen – die auch die unendliche Bandbreite unserer Liebesregungen einschließt – nicht auf der Höhe der Zeit wäre, wenn sie beim Gehirn stehenbliebe. Die Physiologie hilft uns zu verstehen, warum das Wort »Herz« in so vielen Kulturen eine Doppelbedeutung hat oder warum wir manchmal sagen, daß wir eine Entscheidung »aus dem Bauch heraus« treffen.

Zusammenfassung

In einem sich rasant entwickelnden Teilgebiet der Molekularbiologie analysieren hochspezialisierte Forscher, wie Rezeptoren den passenden Botenstoff dazu bewegen, an ihre »Bindungsstellen« anzudocken. Die Untersuchung unseres Gefühlslebens ist heute nicht mehr alleinige Domäne der Hirnforscher. Unser Bild von den Funktionen, die Organen wie dem Herzen oder dem Darm zukommen, ist erheblich komplexer geworden.

Baby-Intermezzo 1: Das zweiundzwanzigste Jahrhundert aus der Sicht des Babys

Die wichtigste Botschaft, die die wissenschaftliche Fundierung der Liebe für uns bereithält, ist die folgende: Wir sind nur dann für die Zukunft gerüstet, wenn für uns wichtig wird, wie das Baby das Leben sieht, und wir uns diese Perspektive zu eigen machen. Bislang sind menschliche Gesellschaften »erwachsenenzentriert«, das heißt, nur das Weltbild von Erwachsenen wird ernst genommen. Damit wir besser auf das notwendige radikale Umdenken vorbereitet sind, möchte ich ein imaginäres Geschichtslehrbuch aufschlagen, das aus der Sicht des Babys geschrieben ist. Es rückt Themen und Ideen in den Vordergrund, die wir bislang ignorieren oder übersehen, weil wir sie für unwichtig oder irrelevant halten oder tabuisieren.

Ein Geschichtslehrbuch aus der Zukunft

Ein Thema, mit dem allein sich schon Bände füllen ließen, ist zum Beispiel die Geschichte der Amme. Ein zweitausendjähriger Abschnitt der Menschheitsgeschichte läßt sich als eine Zeit betrachten, in der sehr viele Kinder wohlhabender Familien im Verlauf ihrer »primären Periode« zwei Mütter hatten – die eine während des intrauterinen Abschnitts, die andere während des extrauterinen Abschnitts dieser Phase. Außerdem war die zweite Mutter eine Art Söldnerin, die ihren Lebensunterhalt damit verdiente, daß sie Kinder stillte und ihnen, im günstigen Fall, auch Liebe zuteil werden ließ.

Aus der Sicht eines Babys kam die Menschheitsgeschichte im Jahrtausend vor Jesu Geburt, als sich die modernen Familienstrukturen herauszubilden begannen, an einen Wendepunkt. Die spätere Kleinfamilie hat ihre Wurzeln in griechisch-römisch-orientalischen Traditionen. In Gesellschaften, in denen sich die lebenslange strikte Monogamie als die einzige moralisch zulässige Eheform durchsetzte, ging die Tendenz dahin, die Dauer des Stillens zu verringern und Ammensklavinnen oder bezahlte Ammen an die Stelle der Mutter zu setzen oder die Kinder mit Tiermilch beziehungsweise in späteren Jahrhunderten mit kondensierter Milch, Milchpulver oder Milchpräparaten zu ernähren. In der Gesellschaft des alten Griechenland ließen die Frauen der Oberschicht, damit sie ihre gesellschaftlichen »Pflichten« nicht vernachlässigen mußten, ihre Babys von »titthai« genannten Sklavinnen stillen. Tacitus prangerte in der *Germania* (98 n. Chr.) den Sittenverfall der römischen Kultur an, indem er die schlichten Tugenden germanischer Stämme herausstellte. In seinen Schriften bemängelte er, daß römische Mütter sich weigerten, ihre Kinder zu stillen, wo doch germanische Mütter dies mehrere Jahre lang zu tun pflegten.[1]

Ein Blick auf die jüdische Geschichte zeigt, daß sich zwischen der Herrschaft König Salomons und der Zerstörung Jerusalems durch die Babylonier, also über einen Zeitraum von vier Jahrhunderten, radikale Veränderungen vollzogen. Wenn Jeremia im sechsten Jahrhundert v. Chr. in seinen »Klageliedern«, in denen er eine moralische Erneuerung fordert, auf das Stillen zu sprechen kommt, erscheint uns sein Denken sozusagen modern: »Selbst Schakale reichen die Brust, säugen ihre Jungen. Die Töchter meines Volkes sind grausam.«[2] Für die Juden jener Zeit bedeuteten die Worte »selbst Schakale«: »selbst die aggressivsten fleischfressenden Raubtiere, die ihr euch vorstellen könnt.«

Immer wieder stoßen wir auf Hinweise, daß das Stillen und die genitale Sexualität zwei eng miteinander verknüpfte Themen sind. Im Koran findet sich dafür ein gutes Beispiel. Dort ist festgelegt, daß die Stillperiode zwei Jahre dauern soll[3], doch ein früheres Entwöhnen ist erlaubt, wenn Vater und Mutter dies in gegenseitigem Einvernehmen beschließen. Der Koran ist übrigens innerhalb der großen monotheistischen Religionen die einzige Sammlung von Schriften, die der Dauer des Stillens eine Bedeutung beimißt. Zugleich gilt im Islam die strikte Monogamie nicht als die einzige moralisch zulässige Eheform. Als verwerflich wird im Koran freilich der Geschlechtsverkehr in der Schwangerschaft und während des Stillens verurteilt, und diese Auffassung hat in einer Gesellschaft, in der dem Mann durchaus die Möglichkeit zugestanden wird, mehr als eine Ehefrau zu haben, sicherlich Auswirkungen auf das Verhalten.

Aus mittelalterlichen Texten über Ammen und insbesondere aus detaillierten Lebenserinnerungen, die aus dem Florenz des 14. Jahrhunderts erhalten sind, wissen wir, daß der Zeitpunkt, zu dem die Kinder wohlhabender Leute entwöhnt wurden, damals meistens zwischen dem Vater des Kindes und dem Ehemann der Amme ausgehandelt wurde und daß solche Gespräche nicht viel anders verliefen als bei anderen finanziellen Vereinbarungen.[4] Wohlhabende Männer, so scheint es, konnten es sich leisten, mütterliche Regungen ihrer Ehefrauen sozusagen in sexuelle Regungen umzumünzen.

Wenn wir uns von einer ausschließlich auf Erwachsene zentrierten Sichtweise freimachen, werden wir zum Beispiel in der Geschichte eines Landes wie Island auf faszinierende Aspekte aufmerksam. In Island dürfte die Tendenz, die Dauer der Stillphase zu verringern und die Muttermilch durch andere Nahrung zu ersetzen, ihre extremste Ausprägung gefunden haben. Am Ende des neunzehnten Jahrhunderts war seit ungefähr zwei Jahrhunderten kein einziges isländisches Baby mehr gestillt worden.[5] Dies war möglich, weil man die Babys unter anderem mit vorgekautem Fisch fütterte, also mit einem Nahrungsmittel, das sie mit für die Hirnentwicklung unentbehrlichen Fettsäuren versorgte. Zu jener Zeit bekamen viele isländische Frauen mehr als ein Dutzend Kinder. Laut Bischof Oddur Einarsson gebaren am Ende des sechzehnten Jahrhunderts viele Frauen sogar 20 oder 30 Kinder. Die Säuglingssterblichkeit lag bis zum späten neunzehnten Jahrhundert bei 30 bis 40 Prozent. Island ist vermutlich das einzige Land der Welt, in dem mehrere Jahrhunderte lang die Babys völlig ohne Muttermilch großgezogen wurden. Der Ausleseprozeß, in dem nur die widerstandsfähigsten Kinder überlebten, war derart streng und gnadenlos, daß die Isländer heute zu den gesündesten Menschen der Erde zählen.

Das Genre der historischen Biographie könnte in den kommenden Jahrzehnten durch neue Betrachtungsweisen revolutioniert werden. In den Regalen der Buchläden sind zwar zahllose Biographien zu finden, doch wenn Sie einmal aufs Geratewohl einige herausgreifen, werden Sie feststellen, daß die meisten Autoren, was die »primäre Periode« der betreffenden Menschen angeht, erstaunlich wenig Interesse und Neugier an den Tag legen. Eine der ersten modernen Biographien, *Das Leben Jesu* von Ernest Renan, wurde im Jahr 1836 veröffentlicht.[6] In dieser historischen Studie erwähnt der Autor das wahrscheinliche Geburtsjahr Jesu (nach dem römischen Kalender das Jahr 750) und den wahrscheinlichen Geburtsort (Nazareth), um sich dann den Einzelheiten eines »Lebens« zuzuwenden, das in seinen Augen offenbar erst mit dem Kleinkindalter und mit der Erziehung innerhalb einer bestimmten soziokulturellen Umgebung beginnt. Dies ist eine für moderne Biographen typische Vorgehensweise. Nur selten versuchen sie zu recherchieren, unter welchen Umständen die Empfängnis erfolgte, was die Mutter während der Schwangerschaft erlebte oder wie Geburt und frühe Kindheit im einzelnen verliefen. Natürlich gibt es Ausnahmen: In vielen Biographien über

Napoleon wird zumindest erwähnt, daß er »mit der Glückshaube«* geboren wurde, während die Kirchenglocken läuteten.

Eine Enzyklopädie aus der Zukunft

Renommierte Enzyklopädien enthalten heutzutage durchaus Einträge zu einem Thema wie »Wiegenlied«, die allerdings meistens kaum Beachtung finden. In einer Enzyklopädie der Zukunft aber könnte sich der Eintrag »Wiegenlied« über Seiten erstrecken und zahlreiche Einzelaspekte beleuchten. Das Wissen über das Thema wird so umfangreich geworden sein, daß der Herausgeber auf ein multidisziplinäres Team zurückgreifen muß: Experten für die menschliche Wahrnehmung werden die Rolle der sensorischen Stimulation bei Wiegenliedern erörtern; Fachleute in Sachen Hirnasymmetrie erläutern, warum die meisten Mütter ihr Baby auf dem linken Arm halten, wenn sie ihm ein Wiegenlied singen; Physiologen gehen darauf ein, wie sich beim Hören eines Wiegenlieds der Übergang vom Wachzustand in den Schlaf vollzieht; Anthropologen zeigen einschlägige Gemeinsamkeiten und Unterschiede zwischen Kulturen auf; Musikwissenschaftler untersuchen die Beziehung zwischen Wiegenliedern und anderen Lied- und Musikformen; Linguisten befassen sich mit dem Einfluß von Wiegenliedern auf den Spracherwerb, und so weiter.

Andere Experten werden vielleicht auch zu erklären versuchen, warum Wiegenlieder im Verschwinden begriffen sind. Vor einigen Jahren reiste ich nach Kabylien im berberischen Teil von Algerien, um dort an einem Dokumentarfilm über

*»*Die Redensart bezieht sich auf den recht seltenen Vorgang bei der Geburt, daß die Embryonalhaut oder nur Teile derselben am Neugeborenen hängenbleiben.« Lutz Röhrich,* Lexikon der sprichwörtlichen Redensarten, *Freiburg: Herder, 1991. A. d. Ü.*

Geburtstraditionen und Babys mitzuwirken. Eine 80jährige Frau beherrschte noch die traditionellen Wiegenlieder der Gegend. Ihre Enkelinnen, junge Mütter in den Zwanzigern, waren mit dem Zubereiten von Pfannkuchen beschäftigt. Dieses traditionelle Gericht war also noch in ihrem Repertoire, doch die Wiegenlieder konnten sie nicht mehr singen.

Überlegen wir uns auch, wie in jener Enzyklopädie der Eintrag »Geschmackssinn« aussehen könnte. Er würde zum Beispiel lange Ausführungen zur Entwicklung des Geschmackssinns bei Brustkindern enthalten. Der Geschmack der Muttermilch verändert sich ständig. In den ersten Tagen nach der Geburt ist er anders als später. Die ersten Schlucke schmekken jeweils anders als die letzten. Die Morgenmilch unterscheidet sich von der Abendmilch. Diese Differenzen hängen vor allem davon ab, was die Mutter jeweils gegessen hat. Ein Milchpräparat dagegen schmeckt vom ersten bis zum letzten Tropfen gleich und morgens genauso wie abends. Der Geschmackssinn beginnt sich natürlich schon lange vor der Geburt zu entwickeln, denn auch der Geschmack des Fruchtwassers, das der Fötus schluckt, spiegelt den Speiseplan der Mutter wider. Leserinnen und Leser dieser Enzyklopädie der Zukunft werden rasch begreifen, wie sich kulturelle Eigenheiten der Ernährung entwickeln konnten und warum sie an der Schwelle zum einundzwanzigsten Jahrhundert im Verschwinden begriffen waren.

Ein Blick zurück auf unsere Zeit

Wenn unsere Nachfahren einst mit den Augen eines Babys auf die Wende zum dritten Jahrtausend zurückblicken, werden sie unsere Zeit als einen der großen Wendepunkte der Geschichte betrachten. Aus derselben Perspektive läßt sich auch ein unvoreingenommener Blick auf die derzeitige rasante Umwälzung der Familienstrukturen werfen. Die meisten Menschen, die in der Gesellschaft bestimmend sind, verfechten immer noch die Meinung, die strikte Monogamie sei die einzig akzeptable Form der Ehe. Doch auch andere Familienstrukturen bürgern sich zunehmend ein. Typische Beispiele sind Familien mit alleinerziehenden Müttern oder Vätern sowie die »serielle Monogamie« (ein Mensch lebt in einer Phase seines Lebens mit einem Partner zusammen, um dann in der nächsten Phase wieder mit einem anderen Partner eine Lebensgemeinschaft zu bilden). Wenn man einst die verschiedenen Formen der Ehe aus der Perspektive des Babys untersucht, wird sich zeigen, daß solche neuen Formen mit der traditionellen und allzu eng gefaßten Dichotomie von Polygamie und Monogamie nicht mehr zu fassen sind.

Aus einer solchen unvoreingenommenen Sichtweise ergeben sich manche Schlußfolgerungen, die durchaus Anstoß erregen können. Deshalb hat dieses Kapitel die Form eines Intermezzos, denn es soll niemanden, der in einer »erwachsenenzentrierten« Gesellschaft aufgewachsen ist, allzusehr verschrecken.

Baby-Intermezzo 2: Beiß deine Mama nicht!

Zwölf Empfehlungen für den reibungslosen Ablauf des Trinkens an der Brust (mit freundlicher Erlaubnis von »Babys Anonymous«):

1. Wähle dein Geburtsland sorgfältig aus. Beispielsweise stehen deine Chancen, auf befriedigende Weise gestillt zu werden, in Dänemark doppelt so gut wie in Frankreich.
2. Wähle deine Großmutter sorgfältig aus. Das Trinken an der Brust deiner Mutter verläuft zufriedenstellender, wenn deine Großmutter mütterlicherseits ihre Kinder und vor allem deine Mutter gestillt hat.
3. Wähle deine Mutter sorgfältig aus. Wenn deine Mutter in der Lage ist und die Gelegenheit dazu bekommt, dich ohne Medikamente und medizinische Interventionen zur Welt zu bringen, fällt ihr auch das Stillen leichter.
4. Tu von Anfang an deine Bedürfnisse mit Nachdruck kund. Versuche die Brust so früh wie möglich zu finden, am besten noch in der ersten Stunde außerhalb des Mutterleibs.
5. Meide alles, was einen aggressiven Geruch verströmt. Dein Geruchssinn ist die beste Hilfe, um die Brustwarze zu finden, und bietet dir eine der ersten Möglichkeiten, deine Mutter zu erkennen.
6. Verbring so viel Zeit wie möglich nackt und in engem Hautkontakt mit deiner Mama.
7. Achte darauf, daß du die Hände frei hast, damit du während des Trinkens deine Mama berühren kannst. Zwischen Hand und Mund besteht eine Verbindung.
8. Wähle das Bett, in dem deine Mama schläft, gut aus. Wenn

es niedrig ist, fühlst du dich sicherer, genau wie sie. Sie wird dann nicht von Ängsten geplagt, daß du hinausfallen könntest. Wenn das Bett breit genug ist, hat vielleicht noch ein anderes Familienmitglied Platz, zum Beispiel dein Papa.

9. Bring es immer klar zum Ausdruck, wenn du an die Brust willst. Sobald deine Mama begreift, was du brauchst, beginnt sie Oxytozin auszuschütten, das bei ihr den »Milchejektionsreflex« auslöst.
10. Laß es deine Mama wissen, wenn sie etwas gegessen hat, das du nicht magst.
11. Erinnere deine Mama ständig daran, wie schnell sich dein Gehirn entwickelt. So kannst du vielleicht Einfluß darauf nehmen, wie sie sich ernährt.
12. Beiß deine Mama nicht, wenn die ersten Zähne kommen.

17 Konvergenzen zwischen Naturwissenschaft und Tradition

Die wissenschaftliche Fundierung der Liebe ist ein perfektes Beispiel für die Annäherung von neueren wissenschaftlichen Konzepten an Geschichten, Überzeugungen, Ideen und Lehren, die seit langer Zeit von Generation zu Generation mündlich weitergegeben worden sind.

Ein bekanntes Beispiel: Das Tao der Physik

Der derzeitige Trend zur Konvergenz zwischen Wissenschaft und Tradition wurde erstmals an Entwicklungen deutlich, die sich in der modernen Physik vollzogen. Zu den Autoren, die die Ähnlichkeiten zwischen den Vorstellungen der modernen theoretischen Physik und östlichen Denktraditionen hervorheben, zählt der Physiker Fritjof Capra.[1] Die Prinzipien der Quantenphysik führen, so sagt er, zu dem Schluß, »daß wir die Welt nicht in unabhängig voneinander existierende elementare Einheiten zerlegen können«, weil das Wesen des Ganzen stets etwas anderes ist als die bloße Summe seiner Teile. Subatomare Teilchen wie Elektronen, Protonen und Neutronen haben keine Bedeutung als isolierte Einheiten, sondern sind nur zu verstehen, wenn man sie als wechselseitige Verbindungen auffaßt. Je nach Perspektive erscheinen sie manchmal als Teilchen, manchmal als Wellen. Diese Doppelnatur ist auch dem Licht eigen, das die Form von elektromagnetischen Wellen oder von Partikeln annehmen kann. Capra sagt zusammenfassend: »In der Quantentheorie landen wir nie bei irgendwelchen ›Dingen‹ – hier haben wir es stets mit wechselseitigen Verbindungen zu tun.«[2]

Auch der Buddha lehrt, daß wir in unserer Wahrnehmung dazu neigen, die Welt in voneinander getrennte Objekte aufzuteilen, die wir dann für stabil und dauerhaft halten, wo sie doch in Wirklichkeit vergänglich und im steten Wandel begriffen sind. Alle scheinbar festen Formen und Strukturen, Dinge und Ereignisse, Menschen oder Vorstellungen sind nichts als »Maya« – das heißt geistige Begriffe, denen keine Realität zukommt.

Faszinierende Ähnlichkeiten

Mehr als jeder andere Entwicklungstrend in der modernen Wissenschaft bringt die wissenschaftliche Fundierung der Liebe uns dazu, Botschaften aus der Vergangenheit neu auf uns wirken zu lassen. Sie regt uns dazu an, alte Legenden über Menschen, deren Name mit der Idee der Liebe verknüpft ist, mit anderen Augen zu sehen. Als erste fallen mir die Gestalten der Liebesgöttin Aphrodite und von Buddha und Jesus ein.

Wenn wir solche Legenden einer Neubewertung unterziehen, erkennen wir, daß auch Geschichten sich, wie alle lebendigen Organismen, in einem Prozeß der natürlichen Auslese ausbreiten. Bei einer Legende, die eine wertvolle Botschaft über das Wesen des Menschen enthält, ist die Wahrscheinlichkeit offenbar größer, daß sie durch die Jahrhunderte hindurch weitergegeben wird und überlebt. Der Mythos scheint ein Mittel für menschliche Kulturen zu sein, um alte Botschaften lebendig zu erhalten, selbst wenn früher nicht alle Möglichkeiten zur Verfügung standen, um den Sinn der Botschaften zu entschlüsseln.

Aus wissenschaftlicher Sicht ist eine der wesentlichen Schlußfolgerungen, die sich aus den heute vorliegenden Befunden ergibt, daß die Entwicklung der Liebesfähigkeit weitgehend von frühen Erfahrungen im Mutterleib und in der Zeit um die Geburt herum abhängt. Wenn wir die legendären Menschen, deren Namen wir mit der Idee der Liebe verbinden, im Lichte dieser Einsicht betrachten, treten bemerkenswerte Ähnlichkeiten zwischen ihnen zutage.

Die erste auffällige Gemeinsamkeit besteht darin, wie die Umstände ihrer Empfängnis und Geburt zu einem wichtigen Teil der Legende geworden sind. Wie wir weiter oben gesehen haben, recherchieren die Biographen berühmter Menschen nur selten, was deren Mutter während der Schwangerschaft erlebt hat, und sie gehen fast nie näher auf die Umstände der Geburt ein. Nur wer verstanden hat, wie sehr die Vorstellung von kritischen Phasen in unserem Leben (die in jüngster Zeit in verschiedenen wissenschaftlichen Disziplinen eingeführt und diskutiert worden ist) unseren Horizont erweitert hat, wird die Ähnlichkeiten zwischen den Geburten von Aphrodite, Buddha und Jesus rasch erfassen können. Alle drei wurden außerhalb der menschlichen Gesellschaft geboren. Dieses Detail erscheint höchst bedeutsam, wenn wir daran denken, daß alle uns bekannten Kulturen dazu neigen, in die physiologischen Abläufe der Geburt störend einzugreifen und insbesondere den ersten Kontakt zwischen Mutter und Kind mittels einer Vielzahl von eigentümlichen Ritualen und Überzeugungen zu behindern.

Im Zeitalter der wissenschaftlichen Fundierung der Liebe wird mit einem Mal klar, was uns jene Geschichte über eine Geburt im Stall eigentlich sagen möchte. Auch Buddha wurde der Legende zufolge außerhalb der menschlichen Gesellschaft geboren, im Lumbinihain. Seine Mutter Maya war auf Reisen und rastete unter einem Plakschabaum, der von »mannigfachen himmlischen und irdischen Blumen« überdeckt war. Entzückt streckte sie den rechten Arm aus, ergriff einen Plakschazweig, und in diesem Moment wurde Buddha geboren. Aphrodite wurde im Meer geboren, aus dem Schaum der Wellen.

Auch die wundersame Empfängnis dieser drei Gestalten ist Teil der legendären Botschaft. Aphrodite wurde empfangen, als Kronos seinem Vater Uranos die Genitalien abschnitt und sie ins Meer warf. Auch die Empfängnis Buddhas verlief außergewöhnlich. Nach zwanzig Jahren der Unfruchtbarkeit hatte Maya einen merkwürdigen Traum, in dem sie sah, wie ein junger weißer Elefant zur rechten Seite in ihren Leib einging, und so wurde sie schwanger. Offensichtlich ereignet sich diese Empfängnis außerhalb der raumzeitlichen Realität, während sich die Frau in einem ekstatischen Zustand befindet. Die Empfängnis Jesu war ebenso wundersam wie die Empfängnis Johannes' des Täufers durch die unfruchtbare Elisabeth, deren Mann Zacharias zuvor der Engel Gabriel erschienen war. Im Lichte der modernen biologischen Wissenschaften läßt sich der Heilige Geist, der über Maria kommt, wie der Engel es ihr angekündigt hat, wohl so interpretieren: Er stellt das Empfinden der Geborgenheit dar, ein Aufgehobensein im Ganzen, dessen Teil man ist, einen psychischen Zustand, den wir durch das Abschalten unseres neokortikalen Computers (und seiner Vorstellung von einem durch Raum und Zeit begrenzten Universum) erreichen können. Ein weiterer Weg, eine transzendente Dimension zu erreichen, die »heil« im doppelten Sinne von heilig und ganz oder ganzheitlich ist, sind orgasmische Zustände.

Wie eine Mutter sich während der Schwangerschaft fühlen wird, ist oft an den Begleitumständen der Empfängnis abzulesen. In den Legenden von Buddha und Jesus erscheinen Schwangerschaft und Geburt eindeutig als ein Segen. »Sei gegrüßt, du Begnadete«, sagt der Engel, als er Maria die Geburt Jesu verheißt, und die schwangere Maria wird von der ebenfalls schwangeren Elisabeth mit den Worten begrüßt: »Gesegnet bist du mehr als alle anderen Frauen«. Als Buddha geboren wurde, so heißt es, »frohlockten Himmel und Erde«.

Ich bin hier auf drei bekannte Legenden aus ganz unterschiedlichen Kulturen näher eingegangen. Weitere vielsagende Beispiele ließen sich anführen. In der griechischen Mythologie gibt es zahlreiche übernatürliche Empfängnisse und Zeugungen. So war die Mutter des Asklepios auf wundersame Weise von dem Gott Apollo geschwängert worden; Asklepios (dessen Bestimmung es war, den Menschen sein Mitgefühl zu erweisen, indem er für alle Krankheiten Heilmittel fand, und zum Gott der Medizin zu werden) wurde auf einem Berg geboren, und ein Schäfer fand ihn zwischen einer Ziege und einem Hund liegend vor, umgeben von einem blendenden Licht.

In den Mythen der verschiedensten Kulturen ist die Empfängnis legendärer und göttlicher Gestalten ein magisches Ereignis. Eine ägyptische Sage, die im siebzehnten Jahrhundert v. Chr. in eine Tempelwand gemeißelt wurde, berichtet von der wundersamen Empfängnis einer Königin: Der große Gott Amun nimmt die Gestalt des Königs (der noch nicht in der Pubertät ist) an, und auf diese Weise, während die derzeitige Königin in einem ekstatischen Zustand ist, wird die Thronerbin gezeugt.

Auch aus dem alten China sind solche Legenden überliefert: Pei Han, ein übernatürliches Wesen, gibt sich als Mensch aus und überreicht der Ehefrau eines Königs einen leuchtenden Gegenstand – und so empfängt sie einen Sohn.

Das beste Buch über die Physiologie der Geburt

Oft werde ich, wenn ich von dem falschen Bild spreche, das viele Kulturen von den physiologischen Vorgängen der Geburt entwerfen, um Hinweise auf fundierte Zeitschriftenartikel oder Lehrbücher gebeten. Auf meine Antwort sind die wenigsten gefaßt. Ich verweise sie auf das einzige Buch auf dem Markt, das uns helfen kann, die physiologischen Abläufe der Geburtsphase wirklich zu verstehen. Es handelt sich um einen Bestseller, der vor mehreren tausend Jahren verfaßt wurde. Auf den allerersten Seiten wird ein faszinierender und bedeutungsvoller Zusammenhang angedeutet. Die Autoren schildern eine Verfehlung, die darin besteht, die Früchte vom Baum der Erkenntnis zu essen (es ist Sünde, bedeutet das, zuviel zu wissen), um dann im selben Kapitel festzustellen, daß Frauen dazu verdammt seien, unter Schwierigkeiten zu gebären. Mit dieser Verknüpfung ist angedeutet, daß unser hochentwickelter Verstand in bestimmten Situationen unseres Lebens, vor allem beim Gebären, ein Hemmnis darstellt. Am Ende desselben Buches, so möchte ich hinzufügen, findet sich die Legende von einem Mann, dessen Berufung es war, seine Mitmenschen dazu anzuhalten, daß sie einander liebten. Seine Mutter fand eine Strategie, wie sie, als das Kind in ihrem Leib ihr das entscheidende Signal gab, mit dem genannten Hemmnis umgehen und die Aktivität ihres Verstandes verringern konnte. Sie brachte das Kind in einem Stall inmitten anderer Säugetiere zur Welt. Sie hatte sich ganz von anderen Menschen zurückgezogen und war allein. Diese Geschichte ist eines der Beispiele, an denen sich am besten zeigen läßt, wie die moderne Wissenschaft uns helfen kann, alte Botschaften zu entschlüsseln.

Zusammenfassung

Unser bestes Beispiel für die Konvergenz zwischen Wissenschaft und Tradition sind bislang die Ähnlichkeiten, die sich zwischen östlichen Denktraditionen und den Vorstellungen der modernen theoretischen Physik erkennen lassen. Faszinierende neue Aspekte dieser Konvergenz erschließen sich uns, wenn wir die Legenden von Gestalten, deren Namen sich für uns mit der Idee der Liebe verbinden, neu zu lesen beginnen. Wundersame

Empfängnis und besondere Umstände der Geburt sind bedeutsame Aspekte dieser Legenden. Alle diese Menschen und Götter werden außerhalb der menschlichen Gesellschaft geboren.

18 *Die Geburt Jesu neu erzählt*

Wie wir gesehen haben, lassen sich viele Botschaften aus der Vergangenheit, die zum Beispiel in Metaphern und Legenden enthalten sind, im Lichte der wissenschaftlichen Erkenntnisse unserer Zeit auf eine neue Weise lesen und begreifen. Da wir im Westen in einer jüdisch-christlich geprägten Welt leben, möchte ich, als eine Art Vorübung, meine Sicht des Weihnachtsgeschehens vorstellen und so an der Fortentwicklung einer lebendigen Legende mitwirken. Es ist freilich ein heikles Unterfangen, auf das Leben Jesu einzugehen, ohne sich auf das Terrain der Religion oder der Geschichtswissenschaft begeben zu wollen. Mein Interesse gilt jedoch dem umfassenderen Bild von Jesus, wie es nicht nur in den biblischen Schriften und von den verschiedenen christlichen Kirchen überliefert ist, sondern auch von Malern, Dichtern, Musikern und anderen Künstlern bis hin zu den Rockopern unserer Tage weiter ausgestaltet wurde.

Bislang beschränkte sich die Szene, wie sie uns überliefert ist, meistens auf die Geburt in einem Stall zwischen einem Ochsen und einem Esel.

Das Bild, das ich mir von der Geburt Jesu mache, gründet sich auf die Berichte von Frauen, die ein Kind ganz allein zur Welt gebracht haben, und auf Texte wie das Protevangelium des Jakobus und Jakob Lorbers Buch *Die Jugend Jesu*.[1,2] Dort wird berichtet, daß Maria bei der Geburt ganz für sich war, weil Joseph sich auf die Suche nach einer Hebamme begeben hatte. Als er mit der »Wehmutter« zurückkehrte, war Jesus bereits geboren. Erst als ein »gewaltiges Licht« nachließ, konnte die Hebamme sehen, daß sie eine unglaubliche Szene vor sich hatte:

Jesus hatte bereits die Brust der Mutter gefunden! In Jakob Lorbers Buch sagt die Hebamme: »Wann aber hat jemand gesehen, daß ein kaum geborenes Kind schon nach der Brust der Mutter gegriffen hätte?! Das bezeugt ja augenscheinlichst, daß dieses Kind einst als Mann die Welt richten wird nach der Liebe, und nicht nach dem Gesetze!«

An dem Tag, an dem Jesus bereit war, auf die Welt zu kommen, erhielt Maria eine Botschaft ohne Worte – eine Botschaft der Demut. Sie war in einem Stall, inmitten anderer Säugetiere. Ohne Worte gaben sie ihr zu verstehen, daß sie sich an diesem Tag in ihr Säugetier-Dasein schicken mußte. Sie mußte das typisch menschliche Hemmnis des Neokortex überwinden und durfte dem Tosen und Brausen ihres Verstandes keine Beachtung schenken. Sie mußte dieselben Hormone ausschütten wie andere gebärende Säugetiere, und zwar über dieselbe Drüse, das heißt über den archaischen Teil des Gehirns, den wir mit ihnen allen gemeinsam haben.

Die Umgebung war ideal. Maria fühlte sich sicher, so daß ihr Adrenalinspiegel so niedrig wie möglich war. Die Wehen konnten unter den bestmöglichen Bedingungen einsetzen.

Als Maria die Botschaft der Demut angenommen und sich in ihre Säugetier-Existenz geschickt hatte, ließ sie sich auf alle viere nieder. In einer solchen Haltung und in der Dunkelheit der Nacht fiel es ihr leicht, sich von der Alltagswelt abzukapseln.

Bald nach seiner Geburt fand sich der neugeborene Jesus in den Armen einer ekstatischen Mutter wieder, die sich genauso wie ein nichtmenschliches Säugetier ganz von ihren Instinkten leiten ließ. Er wurde in einer ungestörten, geheiligten Atmosphäre willkommen geheißen und konnte nach und nach und ohne Schwierigkeiten den hohen Spiegel der Streßhormone absenken, den er während der Geburt aufgebaut hatte. Marias Körper war warm. Auch der Stall war warm, dank der Gegenwart der anderen Säugetiere. Instinktiv wickelte Maria ihr Baby in ein Stück Tuch, das sie zur Hand hatte. Sie war völlig gefesselt von den Augen des Babys, und nichts konnte sie von diesem langen Augenkontakt mit Jesus abhalten. Daß sie einander so anschauten, setzte eine weitere Woge von Oxytozin frei, so daß Marias Gebärmutter erneut kontrahierte und über die Nabelschnur eine kleine Menge angereicherten Blutes aus der Plazenta zu dem Kind zurückbeförderte. Und bald darauf wurde die Plazenta ausgestoßen.

Die Mutter und ihr Baby konnten sich ganz sicher fühlen. Maria ließ sich von ihrem Säugetiergehirn leiten und blieb nach der Entbindung noch kurze Zeit knien. Nachdem die Plazenta ausgestoßen war, legte sie sich auf die Seite, mit dem Baby nahe an ihrem Herzen. Plötzlich fing Jesus an, den Kopf hin- und herzudrehen, und öffnete den Mund zu einem runden O. Sein Geruchssinn führte ihn näher und näher zur Brustwarze hin. Maria befand sich noch immer in einem ganz besonderen hormonellen Gleichgewicht und handelte ganz instinktiv, und so wußte sie, wie sie das Baby am besten hielt, und machte die richtigen Bewegungen, um ihm beim Finden der Brust zu helfen.

Auf diese Weise übertraten Maria und Jesus die Regeln, die ihre neokortikal geprägte Gesellschaft aufgestellt hatte. Durch seine Mutter erfuhr Jesus seine Initiation als ein friedvoller Rebell gegen die Konventionen.

Jesus saugte lange und kraftvoll. Mit Marias Hilfe ging er aus einer der heikelsten und entscheidendsten Phasen seines Lebens siegreich hervor. Innerhalb weniger Minuten trat er in die Welt der Mikroben ein, begann sich an die Atmosphäre, an die Schwerkraft und an Temperaturunterschiede anzupassen, trennte sich von der Plazenta und fing an, seine Lungen einzusetzen und unabhängig zu atmen. Jesus ist ein Held!

Im Stall gab es keine Uhr. Maria versuchte nicht abzuschätzen, wie lange Jesus an der Brust war, ehe er einschlief. In der ersten Nacht nach seiner Geburt fiel Maria nur wenige Male in flachen Schlaf; sie war aufgeregt, wachsam und eifrig bestrebt, dem kostbarsten Wesen auf Erden jeden erdenklichen Schutz zu bieten und auf seine Bedürfnisse einzugehen.

In den folgenden Tagen lernte Maria zu erkennen, wann das Baby gewiegt werden wollte. Sie war so im Einklang mit ihm, daß sie den Rhythmus der Wiegebewegungen perfekt auf seine Wünsche abzustimmen vermochte. Sie fing an, während des Wiegens leise eine Melodie zu singen, und streute auch Worte ein. Wie Millionen anderer Mütter hatte sie das Wiegenlied entdeckt. Auf diese Weise machte Jesus seine ersten Erfahrungen mit Bewegung und dadurch mit dem Raum. Zugleich machte er seine ersten Erfahrungen mit Rhythmen und dadurch mit der Zeit. So trat er im Laufe der Zeit in eine Raum-Zeit-Realität ein. Die Wiegenlieder enthielten immer mehr Worte, und auf diese Weise begann Jesus seine Muttersprache zu lernen.

Zusammenfassung

Um an der Fortentwicklung einer lebendigen Legende mitzuwirken, beschreibe ich, wie ich mir derzeit die Geburt Jesu vorstelle: Was bedeutet es, in einem Stall inmitten von Säugetieren zur Welt zu kommen?

19 Homo oecologicus

Fragen, die uns heute bedrängen

Die wissenschaftliche Fundierung der Liebe vollzieht sich zu einer Zeit, da die dramatische Zunahme destruktiver und selbstdestruktiver Verhaltensweisen viele Fragen aufwirft. Suizid, Drogenabhängigkeit, Mord und andere Formen der Gewalt sind bei den Menschen, die in den letzten Jahrzehnten des zwanzigsten Jahrhunderts geboren wurden, häufige Ursachen von Tod und Behinderung.

Die wissenschaftliche Fundierung der Liebe entfaltet sich außerdem in einer Epoche, in der den Menschen immer wieder schockartig bewußt wird, wie verwundbar die Erde ist. Die Symptome einer »Überlastung des Planeten« werden immer zahlreicher und deutlicher, so daß sich allmählich ein ökologisches Bewußtsein herausbildet. Wir alle wissen, daß die Zusammensetzung der Atmosphäre sich ändert, daß sich die sogenannten Treibhausgase in ihr ansammeln und die Ozonschicht in der Stratosphäre immer dünner wird. Uns ist klar, daß die planetaren Ressourcen rasch zur Neige gehen: Fossile Energieträger werden knapp, Ackerland wird zu Wüste, in vielen Weltregionen verschärft sich der Wassermangel, und Fischbestände, die man einst für unerschöpflich hielt, werden drastisch dezimiert. Tier- und Pflanzenarten sterben aus, und die Nahrungskette im Meer und auf dem Land ist zu weiten Teilen von toxischen Chemikalien durchsetzt. Manche Formen der Umweltverschmutzung sind noch weithin unbekannt – so auch ihr schwerwiegendster Aspekt, die intrauterine »Verschmutzung«. In unserem Körper sammeln sich heute im Laufe der Jahre synthetische Substanzen an, von denen er vor fünfzig Jahren noch verschont geblieben wäre. Über die Plazenta werden solche Stoffe in kritischen Phasen seiner Entwicklung an den Fötus weitergegeben. Das spektakuläre Absinken der durchschnittlichen Spermienzahl seit der Mitte des zwanzigsten Jahrhunderts ist als einer der derzeit offensichtlichsten Effekte der intrauterinen »Verschmutzung« gedeutet worden.

Oft hört man, die Lösung der ökologischen Krise würde Veränderungen erfordern, die an sozialen und politischen Strukturen ansetzen, an der technologischen Entwicklung, an der wissenschaftlichen Forschung, am Wirtschaftsleben, an unseren Wertvorstellungen und an unserer Denkweise. Man hat noch nicht erkannt, das die Lösung des Konfliktes zwischen der Menschheit und dem Planeten Erde zuallererst davon abhängt, ob die Gattung Mensch in der Lage ist, sich weiterzuentwickeln.[1] Wenn der Planet weiter menschliches Leben beherbergen soll, brauchen wir eine Art nicht-genetische Mutation, die aus der Not entspringt und mit Hilfe von Vernunft und wissenschaftlicher Erkenntnis umgesetzt wird.

Damit die Erde bewohnbar bleibt – und ich weigere mich, diese Hoffnung aufzugeben –, muß das Raubtier »*Homo carnivorus*« am Ende dem »*Homo oecologicus*« Platz machen. Kennzeichnende Merkmale des *Homo oecologicus* werden sein, daß er Gemeinsamkeiten mit anderen betont, ein globales Bewußtsein ausbildet und außerdem fähig ist, eine grundlegende Achtung vor »Mutter Erde« zu entwickeln.

Sämtliche drängenden Probleme, mit der die Menschheit sich derzeit konfrontiert sieht, hängen mit der Liebesfähigkeit zusammen, die auch die mitfühlende Sorge um ungeborene Generationen einschließt. Aus diesem Grund muß die wissenschaftliche Fundierung der Liebe als ein zentraler Aspekt der wissenschaftlichen Revolution begriffen werden. Wenn wir alle relevanten Forschungsbefunde zusammennehmen, wird deutlich, daß die Periode um die Geburt das kritische Glied in der Ereigniskette ist, an dem wir wirkungsvoll ansetzen können. Oberste Priorität muß heute haben, daß wir uns Gedanken über das Geschehen der Geburt machen, damit die Interaktion zwischen Müttern und ihren neugeborenen Babys in Zukunft so wenig wie möglich gestört wird.

Hindernisse

Das größte Hindernis ist ein tief verwurzeltes falsches Bild vom Geburtsvorgang. Die Gründe für diese Fehldeutungen sind leicht zu durchschauen. Seit Tausenden von Jahren haben sämtliche Kulturen mehr oder weniger subtile Taktiken entwickelt, mit denen sie störend in die physiologischen Vorgänge der Geburt eingreifen, und sie von Generation zu Generation weitergegeben. Dies hängt damit zusammen, daß es bislang einen Überlebensvorteil bedeutete, das menschliche Aggressionspotential zu entfalten und die Entwicklung der Liebesfähigkeit unter Kontrolle zu halten.

Als in der Mitte des zwanzigsten Jahrhunderts verschiedene Schulen der »natürlichen Geburt« aufkamen, bedeutete das keineswegs das Ende der Fehldeutungen. Die Begriffe »Methode« und »natürlich« sind eigentlich kaum miteinander vereinbar. Dennoch propagierte die einflußreichste Bewegung für eine »natürliche Geburt« die sogenannte »psychoprophylaktische Methode« oder »Lamaze-Methode«, die auf der von Pawlow und seinen Schülern begründeten Lehre der »bedingten Reflexe« beruht. Diese russischen Forscher hatten durchaus erkannt, daß die hemmenden Einflüsse auf den Geburtsvorgang vom Neokortex ausgehen; sie übersahen aber, daß eine Geburt nur dann unbehindert ablaufen kann, wenn die neokortikale Kontrolle gedrosselt ist. Anstatt den Schluß zu ziehen, daß eine Frau in den Wehen in erster Linie gegen jegliche Stimulation des Neokortex abgeschirmt werden muß, verfolgte man deshalb die Strategie, werdende Mütter zu konditionieren und ihnen beizubringen, ihre Atemmuster und ihre Lautäußerungen unter Kontrolle zu halten. Man legte großen Wert auf Wissensvermittlung und wies Geburtsbegleiterinnen eine aktive Rolle zu. Das gesamte Vorgehen war darauf angelegt, den Neokortex der Gebärenden anzusprechen. Die interventionistische Denkweise, die aus der Lamaze-Methode sprach, ließ sich gut mit den interventionistischen Tendenzen in der US-amerikanischen Medizin vereinbaren.[2] Sie stützte das Bild von der Geburt als einem willentlich zu steuernden Prozeß. Zu einer Zeit, als die Mutterfigur der Hebamme verschwunden war, wurde die Lehre von Lamaze begeistert aufgenommen. Die Geburtsbegleiterin übernahm die Rolle eines höchst aktiven »Coach«.

Die Sichtweise des Briten Grantly Dick-Read beruhte auf den klinischen Beobachtungen eines erfahrenen Praktikers. Ohne den Neokortex zu erwähnen, gab Read in der Begrifflichkeit, die ihm in den 30er und 40er Jahren zur Verfügung stand, eine perfekte Beschreibung dessen, wie in den Wehen die neokortikale Kontrolle nachläßt. So schreibt er, das »Geheimnis einer schnellen Erweiterung des Muttermundes« liege in der »völligen Ablenkung der Gedanken von der Tätigkeit der Gebärmutter«. Er gibt zu bedenken, daß »jeder Versuch, die Kontraktionen der Eröffnungswehen von außen her irgendwie zu fördern, von vornherein zum Scheitern verurteilt ist und nur das Gegenteil bewirken kann«. Über den weiteren Verlauf der Wehen sagt er: Die Gebärende »vergißt ihre Umgebung und achtet weder auf ihr Aussehen, ihre Ausdrucksweise noch auf ihre Worte.«[3] Weil Dick-Read das Augenmerk nie darauf richtete, daß das Liegen auf einem Tisch oder einem Bett der Gebärenden ganz bestimmte Körperhaltungen vorgibt, war ihm nicht klar, daß sie unter anderen Bedingungen völlig andere

Positionen einnehmen könnte. Für diesen ausgezeichneten Beobachter war aber offenkundig, daß Angst die häufigste Ursache für schwierige oder qualvolle Wehen ist. Laut seiner Theorie erzeugt Angst eine muskuläre Anspannung, durch die die Wehen dann schmerzhaft verlaufen. Der damalige Wissensstand erlaubte es ihm nicht, die Ursache-Wirkungs-Beziehung zwischen Angst, Muskelanspannung und einer schwierigen Geburt schlüssig zu deuten und den Zusammenhang zwischen Angst und der Ausschüttung von Adrenalin zu verstehen. Er wußte nicht, daß Adrenalin den Geburtsablauf hemmt, indem es in die Ausschüttung und Aktivität von Oxytozin eingreift, und daß auch der bei Angst gesteigerte Muskeltonus auf die Wirkung des Adrenalins zurückgeht. Dick-Read behauptete, die Geburt dürfe eigentlich nicht mit Schmerzen einhergehen, denn keine physiologische Funktion des menschlichen Körpers rufe Schmerzen hervor, solange der Körper gesund sei. Seit jedoch das System der »Endorphine« entdeckt wurde, ist für uns klar, daß einerseits Schmerzen zu den Wehen dazugehören und daß der Körper andererseits über ein Schutzsystem gegen Schmerzen verfügt. Bei den Geburtsvorbereitungskursen, die auf Dick-Reads Vorstellungen aufbauten, eigneten sich die Frauen Wissen über Anatomie und die Physiologie der Wehen an und wurden in der Technik der progressiven Muskelentspannung unterwiesen. Obwohl Dick-Read klar erkannte, daß Angst die Hauptursache von Geburtskomplikationen ist, interessierte er sich offenbar nicht für die Rolle der Hebamme. Er ging nicht darauf ein, daß die echte Hebamme eine Mutterfigur ist, in deren Gegenwart die gebärende Frau ihre Angst abschütteln und sich sicher fühlen kann.

Als Pioniere wie Lamaze und Dick-Read ihre Theorien entwickelten, standen sie vor vielen Rätseln, auf die in jenen Jahren keine einleuchtenden wissenschaftlichen Antworten möglich waren.

Die wissenschaftliche Fundierung der Liebe gibt heute Anlaß zu großer Hoffnung und Zuversicht. Aus Wissen kann Bewußtsein entstehen. Die Ankunft des *Homo oecologicus* ist keine bloße Utopie. Die Menschheit hat die Schlüssel in der Hand, die sie braucht, um neue Überlebensstrategien zu ersinnen.

Zusammenfassung

Eine nicht-genetische Mutation der Gattung Mensch hat es bislang noch nie gegeben, doch eine solche Mutation, die aus der Not entspringt und sich mit Hilfe von Vernunft und wissenschaftlicher Erkenntnis vollziehen wird, ist kein Hirngespinst.

Anmerkungen

Kapitel 1

1 Marais, E. N.: *Die siel van die mier*, Pretoria: Van Schaik, 1971 [Erstausgabe 1936]. (*Die Seele der weißen Ameise*, Berlin: Herbig, 1939, S. 129f.)

Kapitel 2

1 Lorenz, K.: *Über tierisches und menschliches Verhalten*. 2 Bände. München: Piper, 1965.
2 Bridges, R. S.: »Parturition: its role in the long-term retention of maternal behavior in the rat.« *Physiology and Behavior, 18* (1977), S. 487–490.
3 Siegel, H. I., und M. S. Greenwald: »Effects of mother-litter separation on later maternal responsiveness in the hamster.« *Physiology and Behavior, 21* (1978), S. 147–149.
4 Blauvelt, H: »Neonate-mother relationship in goat and Man.« In: B. Schaffner (Hg.), *Group processes*, New York: Josiah Macy Jr. Foundation, 1956.
5 Poindron, P., und P. Le Neindre: »Hormonal and behavioural basis for establishing maternal behaviour in sheep.« In: L. Zichella und R. Panchari (Hg.), *Psychoneuroendocrinology in reproduction*, Amsterdam: Elsevier-North Holland Medical Press, 1979.
6 Krehbiel, D., P. Poindron et al. : »Peridural anaesthesia disturbs maternal behaviour in primiparous and multiparous parturient ewes.« *Physiology and Behavior, 40* (1987), S. 463–472.
7 Harlow, H. F., M. K. Harlow und E. W. Hanson: In: H. R. Rheingold (Hg.), *Maternal behavior in mammals*, New York: John Wiley (1963).
8 Eibl-Eibesfeldt, I.: *Die Biologie des menschlichen Verhaltens: Grundriß der Humanethologie*, München: Piper, 1984.

Kapitel 3

1 Terkel, J., und J. S. Rosenblatt: »Maternal behavior induced by maternal blood plasma injected into virgin rats.« *J. Comp. Physio. Psychol., 65* (1968), S. 479–482.
2 Rosenblatt, J. S., H. J. Siegel und A. D. Mayer: »Progress in the study of maternal behavior in the rat: hormonal, nonhormonal, sensory, and

developmental aspects.« In: J. S. Rosenblatt et al. (Hg.), *Advances in the study of behavior*, vol. 10. New York: Academic Press, 1979.

3 Poindron, P., und P. Le Neindre : »Hormonal and behavioural basis for establishing maternal behaviour in sheep.« In: L. Zichella und R. Panchari (Hg.), *Psychoneuroendocrinology in reproduction*, Amsterdam: Elsevier-North Holland Medical Press, 1979.

4 Zarrow, M. X., R. Gandelman und V. Renenberg: »Prolactin: is it an essential hormone for maternal behavior in the mammal?« *Horm. Behav., 2* (1971), S. 343–354.

5 Pedersen, C. A., und J. R. Prange: »Induction of maternal behavior in virgin rats after intracerebroventricular administration of oxytocin.« *Pro. Natl. Acad. Sci. USA, 76* (1979), S. 6661–6665.

6 Pedersen, C. A., et al. (Hg.): *Oxytocin in maternal, sexual, and social behaviors. Annals of the New York Academy of Sciences, 652* (1992).

7 Verbalis, J. G., M. McCann, C. M. McHale und E. M. Stricker: »Oxytocin secretion in response to cholecystokinin and food: differentiation of nausea from satiety.« *Science, 232* (1986), S. 1417–1419.

8 Uvnas-Moberg, K: »Hormone release in relation to physiological and psychological changes in pregnant und breastfeeding women.« In: E. V. Van Hall und W. Everaerd (Hg.), *Women's health in the 1990s*, Carnforth, Lancs.: Parthenon, 1989.

9 Csontos, K., M. Rust et al: »Elevated plasma beta endorphin levels in pregnant women and their neonates.« *Life Sci., 25* (1979), S. 835–844.

10 Akil, H., S. J. Watson et al.: »Beta endorphin immunoreactivity in rat and human blood: Radio-immunoassay, comparative levels and physiological alternatives.« *Life Sci., 24* (1979), S. 1659–1666.

11 Moss, I. R., H. Conner et al.: »Human beta endorphin-like immunoreactivity in the perinatal/neonatal period.« *J. of Ped., 101* [3] (1982), S. 443–446.

12 Kimball, C. D., C. M. Chang et al.: »Immunoreactive endorphin peptides and prolactin in umbilical vein and maternal blood.« *Am. J. Obstet. Gynecol., 140* (1981), S. 157–164.

13 Odent, M.: »The fetus ejection reflex.« *Birth, 14* (1987), S. 104–105.

14 Lederman, R. P., D. S. McCann et al.: »Endogenous plasma epinephrine and norepinephrine in last trimester pregnancy and labour.« *Am. J. Obstet. Gynecol., 129* (1977), S. 5–8.

15 Lagercrantz, H., und H. Bistoletti: »Catecholamine release in the newborn infant at birth.« *Pediatric Research, 11* (1977), S. 889–895.

16 Thomas, S. A., und R. D. Palmiter: »Impaired maternal behavior in mice lacking norepinephrine and epinephrine.« *Cell, 91* (1997), S. 583–592.

Kapitel 4

1 Odent, M.: *Primal Health.* London: Century Hutchinson, 1986. (*Von Geburt an gesund. Was wir tun können, um lebenslange Gesundheit zu fördern.* Aus dem Englischen. München: Kösel, 1989.)
2 Raine, A., P. Brennan und S. A. Medink: »Birth complications combined with early maternal rejection at age 1 year predispose to violent crime at 18 years.« *Arch. Gen. Psychiatry, 51* (1994), S. 984–988.
3 Salk, L., L. P. Lipsitt et al.: »Relationship of maternal and perinatal conditions to eventual adolescent suicide.« *Lancet,* 16.3.1985, S. 624–627.
4 Jacobson, B., K. Nyberg et al.: »Perinatal origin of adult self-destructive behavior.« *Acta Psychiatr. Scand., 76* (1987), S. 364–371.
5 Jacobson, B., und M. Bygdeman: »Obstetric care and proneness of offspring to suicide as adults: case control study.« *British Medical Journal, 317* (1998), S. 1346–1349.
6 Jacobson, B., und K. Nyberg: »Opiate addiction in adult offspring through possible imprinting after obstetric treatment.« *British Medical Journal, 301* (1990), S. 1067–1070.
7 Cnattingius, S., C. M. Hultman, M. Dahl und P. Sparen: »Very preterm birth, birth trauma, and the risk of anorexia nervosa among girls. *Arch. Gen. Psychiatry, 56* [7] (1999), S. 634–638.
8 Tinbergen, N., und A. Tinbergen: *Autistic children.* London: Allen and Unwin, 1983. (*Autismus bei Kindern*, Berlin/Hamburg: Paul Parey, 1984.)
9 Hattori, R. et al: »Autistic and developmental disorders after general anaesthesic delivery.« *Lancet, 337* (1.6.1991), S. 1357–1358 (Brief).
10 Odent, M.: »Between circular and cul-de-sac epidemiology.« *Lancet, 355* (2000), S. 1371.
11 Huttunen, M., und P. Niskanen: »Prenatal loss of father and psychiatric disorders.« *Arch. Gen. Psychiatr., 35* (1978), S. 429–431.
12 Forssman, H., und I. Thuwe: »Continued follow-up study of 120 persons born after refusal of application for therapeutic abortion.« *Acta Psychiatr. Scan., 64* (1981), S. 142–149.
13 Kubicka, L., Z. Matejcek et al.: »Children from unwanted pregnancies in Prague, Czech Republic, revisited at age thirty.« *Acta Psychiatr. Scand., 91* (1995), S. 361–369.

14 Myhran, A., P. Rantakallio et al.: »Unwantedness of a pregnancy and schizophrenia of a child.« *Br. J. Psychiatr., 169* (1996), S. 637–640.

Kapitel 5

1 Lozoff, B.: »Birth in non-industrial societies.« In: M. Klaus und M. O. Robertson, *Birth, interaction and attachment.* Skillman, NJ: Johnson and Johnson, 1982.

2 Odent, M.: »Colostrum and civilization.« In: Odent, *The Nature of birth and breastfeeding*, Westport, CT: Bergin and Garvey, 1992. (»Kolostrum und Zivilisation.« In: *Geburt und Stillen: Über die Natur elementarer Erfahrungen.* Aus dem Englischen. München: Beck, 1993.)

3 Hallet, J. P.: *Pygmy Kitabu.* New York: Random House, 1973.

4 Eaton, S. B., M. Shostak und M. Konner: *The paleolithic prescription: a program of diet and exercises and a design for living.* New York: Harper and Row, 1988.

5 Reich, W.: *The murder of Christ.* New York: Farrer, Strauss and Giroux, 1953. (Deutsche Übersetzung: *Christusmord*, Frankfurt/M.: Ullstein, 1983, S. 390f.)

6 Leboyer, F.: *Pour une naissance sans violence.* Paris: Le Seuil, 1974. (*Der sanfte Weg ins Leben*, München: Desch, 1974; erweiterte Neuausgabe: *Geburt ohne Gewalt*, München: Kösel, 1981, S. 47.)

Kapitel 6

1 Odent, M.: »Why laboring women don't need support.« *Mothering, 80* (1996), S. 46–51.

2 Lederman, R. P., E. Lederman, B. A. Work und D. S. McCann: »The relationship of maternal anxiety, plasma catecholamines and plasma cortisol to progress in labor.« *Am. J. Obstet. Gynecol., 132* (1978), S. 495.

Kapitel 7

1 Arletti, R., M. Bazzani, M. Castelli und A. Bertoline: »Oxytocin improves copulatory behavior in rats.« *Hormones and Behavior, 19* (1985), S. 14–20.

2 McNeilly, A. S., und H. A. Ducker: »Blood levels of oxytocin in the female goat during coitus and in response to stimuli associated with mating.« *J. Endocrinol., 54* (1972), S. 399–406.

3 Carmichael, M. S., R. Humbert et al.: »Plasma oxytocin increases in the human sexual response.« *J. Clin. Endocrinol. and Metab., 64* [1] (1987), S. 27–31.

4 Sharaf, H., H. D. Foda, S. I. Said und M. Bodansky: »Oxytocin and related peptides elicit contractions of prostate and seminal vesicle.« In: C. A. Pedersen et al. (Hg.), *Oxytocin in maternal, sexual, and social behavior. Annals of the New York Academy of Science, 652* (1992), S. 474–477.
5 Egli, C. E., und M. Newton: »Transport of carbon particles in the human female reproductive tract.« *Fertility and Sterility, 12* (1961), S. 151–155.
6 Mead, M.: *Male and female*. New York: William Morrow, 1948. (*Mann und Weib*, Stuttgart: Diana, 1955.)
7 Reich, W. *Die Funktion des Orgasmus. Zur Psychopathologie und zur Soziologie des Geschlechtslebens*, Leipzig: Internationaler Psychoanalytischer Verlag, 1927.
8 McNeilly, A. S., I. C. Robinson et al.: »Release of oxytocin and prolactin in response to suckling.« *British Medical Journal, 286* (1983), S. 257–259.
9 Leake, R. D., C. B. Water et al.: »Oxytocin and prolactin responses in long-term breastfeeding.« *Obstet. Gynecol., 62* (1983), S. 565.
10 Hitchcock, D. A., J. H. Stuphen und T. A. Scholly: »Demonstration of fetal penile erection in utero.« *Perinatology-Neonatology*, Mai/Juni 1980, S. 59–60.
11 Newton, N., und C. Modahl: »Oxytocin-psychoactive hormone of love and breastfeeding.« In: *The free woman*, Carnforth, Lancs.: Parthenon, 1989, S. 343–350.
12 Nissen, E., K. Uvnas-Moberg et al.: »Different patterns of oxytocin, prolactin but not cortisol release during breastfeeding in women delivered by caesarean section or by the vaginal route.« *Early Human Development, 45* (1996), S. 103–118.
13 Herbert, J.: »Hormones and behavior.« *Proc. Royal Society, 199*, London, Series B, Biological Sciences, 1977, S. 425–433.
14 Uvnas-Moberg, K.: »Hormone release in relation to physiological and psychological changes in pregnant and breastfeeding women.« In: *The free woman*, Carnforth, Lancs.: Parthenon, 1989, S. 316–325.
15 Murphy, M. D., D. Bowie und D. Pert.: »Copulation elevates beta-endorphins in the hamster.« *Soc. Neurosci. Abstr., 5* (1979), S. 470.
16 Franceschini, R., P. L. Venturini et al.: »Plasma beta-endorphins concentrations during suckling in lactating women.« *Brit. J. Obstet. Gynaecol., 96* (1989), S. 711–713.
17 Schulz, S. C., R. Wagner et al.: »Prolactin response to beta-endorphin in man.« *Life Sci., 27* (1980), S. 1735–1741.

18 Kluver, H., und P. C. Bucy: »Preliminary analysis of functions of the temporal lobes in monkeys.« *Arch. Neurology and Psychiatry, 42* [6] (1939), S. 979–1000.
19 Odent, M.: »The fetus ejection reflex.« *Birth, 14* (1987), S. 104–105.
20 Newton, N.: »The fetus ejection reflex revisited.« *Birth, 14* (1987), S. 106–108.

Kapitel 8

1 Maisey, D. S., E. L. E. Vale, P. L. Cornelissen und M. J. Tovee: »Characteristics of male attractiveness for women.« *Lancet, 353* (1999), S. 1500.
2 Tovee, M. J., S. Reinhardt, S., J. L. Emery und P. L. Cornelissen: »Optimal BMI = maximum sexual attractiveness.« *Lancet, 352* (1998), S. 548.
3 Grammer, K., und R. Thornhill: »Human (*Homo Sapiens*) facial attractiveness and sexual selection: the role of symmetry and averageness.« *J. Comp. Psychol., 108* [3] (1994), S. 233–242.
4 Shackelford, T. K., und R. J. Larsen: »Facial asymmetry as an indicator of psychological, emotional and physiological distress.« *J. Pers. Soc. Psychol., 72* [2] (1997), S. 456–466.
5 Dong, J. K., T. H. Jin, H. W. Cho und S. C. Oh.: »The aesthetics of smile: a review of some recent studies.« *Int. J. Prosthodont., 12* [1] (1999), S. 9–19.
6 Grammer, K., und A. Jutte: »Der Krieg der Düfte: Bedeutung der Pheromone für die menschliche Reproduktion.« *Gynäkologisch-Geburtshilfliche Rundschau, 37* [3] (1997), S. 150–153.
7 Cutler, W. B., E. Friedmann und N. L. McCoy: »Pheromonal influences on sociosexual behaviour in men.« *Arch. Sex. Behav., 27* [1] (1998), S. 1–13.

Kapitel 9

1 Carter, C. S., und L. L. Getz: »Social and hormonal determinants of reproductive patterns in the prairie vole.« In: R. Gilles und J. Belthazart (Hg.), *Neurobiology*, Berlin: Springer, 1985, S. 18–36.
2 Shapiro, L. E., und T. R. Insel: »Oxytocin receptor distribution reflects social organization in monogamous and polygamous voles.« In: C. A. Pedersen et al. (Hg.), *Oxytocin in maternal, sexual, and social behaviors. Annals of the New York Academy of Sciences, 652* (1992), S. 448–451.
3 Williams, J. R., und C. S. Carter: »Partner preference development in female prairie voles is facilitated by mating or the central infusion of

oxytocin.« In: C. A. Pedersen et al. (Hg.), *Oxytocin in maternal, sexual, and social behaviors. Annals of the New York Academy of Sciences, 652* (1992), S. 487–489.
4 Insel, T. R., J. T. Winslow, Z. Wang und L. J. Young: »Oxytocin, vasopressin, and the neuroendocrine basis of pair bond formation.« *Adv. Exp. Med. Biol., 449* (1998), S. 215–224.
5 Van Kesteren, R. E., A. B. Smit, R. W. Dirks et al.: »Evolution of the vasopressin/oxytocin superfamily: characterization of a DNA encoding a vasopressin-related precursor, preproconopressin, from the mollusc Lymnaea Stagnalis.« *Proc. NY Acad. Sci.* USA, *89* (1992), S. 4593–4597.
6 Leibowitz, M. R.: *The chemistry of love.* Boston: Little, Brown, 1983.
7 Marazziti, D., H. S. Akiskal et al.: »Alteration of the platelet serotonin transporter in romantic love.« *Psychol. Med., 29* [3] (1999), S. 741–745.

Kapitel 10

1 Winberg, J., und R. H. Porter: »Olfaction and human neonatal behaviour: clinical implications.« *Acta Paediatr., 87* (1998), S. 6–10.
2 Axel, R.: »The molecular logic of smell.« *Sci. Am.*, 1995 (Oktober), S. 130–137.
3 Chuah, M. H., und A. I. Fardman: »Developmental anatomy of the olfactory system.« In: R. L. Doty (Hg.), *Handbook of olfaction and gestation*, New York: Marcel Dekker, 1995, S. 147–170.
4 Sarnat, H. B.: »Olfactory reflexes in the newborn infant.« *J. Pediatr., 92* (1978), S. 624–626.
5 Schaal, B., L. Marlier und R. Soussignan: »Responsiveness to the odour of amniotic fluid in the human neonate.« *Biol. Neonate, 67* (1995), S. 397–406.
6 Engen, T., L. P. Lipsitt und H. Kaye: »Olfactory responses and adaptation in the human neonate.« *J. Comp. Physiol. Psychol., 56* (1963), S. 73–77.
7 Odent, M.: »The early expression of the rooting reflex.« *Proceedings of the 5th International Congress of Psychosomatic Obstetrics and Gynaecology, Rome 1977.* London: Academic Press, 1977, S. 1117–1119.
8 MacFarlane, J. A.: »Olfaction in the development of social preferences in the human neonate.« In: R. Porter und M. O'Connor (Hg.), *The human neonate in parent-infant interaction*, Ciba Foundation Symposium 33, Amsterdam: Elsevier, 1975, S. 103–117.
9 Hepper, P. G.: »Human fetal ›olfactory‹ learning.« *Int. J. Prenatal and Perinatal Psychol. Med., 7* (1995), S. 147–151.

10 Cernoch, J. M., und R. H. Porter: »Recognition of maternal axillary odors by infants.« *Child Develop., 56* (1985), S. 1593–1598.

11 Busnel, M. C., und C. Granier-Deferre: »And what of fetal audition?« In: A. Oliverio und M. Zappela (Hg.), *The behavior of human infants.* New York und Lodon: Plenum Press, 1983, S. 93–126.

12 DeCasper, A. J., und M. J. Spence: »Prenatal maternal speech influences newborn's perception of speech sounds.« *Inf. Behav. Dev., 9* (1986), S. 133–150.

13 Panneton, R. K.: »Prenatal auditory experience with melodies.« Dissertation, University of North Carolina, Greensboro, 1995.

14 Vurpillot, E.: »Les perceptions visuelles du nourrisson.« In: E. Herbinet und M. C. Busnel (Hg.), *L'aube des sens.* Paris: Stock, 1991: 67–82.

Kapitel 11

1 Sato, S., H. Shiki und F. Yamasaki: »The effects of early caressing on later tractability of calves.« *Japan. J. Zootech. Sci., 55* (1984), S. 332–338.

2 Boissy, P., und M. F. Bouissou: »Effects of early handling on heifers' subsequent reactivity to humans and to unfamiliar situations.« *Appl. Anim. Behav. Sci., 20* (1988), S. 259–273.

3 Boivin, X., und B. O. Braastad: »Effects of handling during temporary isolation after early weaning on goat kids' later response to humans.« *Appl. Anim. Behav. Sci., 48* (1996), S. 61–71.

4 Mal, M. E., und C. A. McCall: »The influence of handling during different ages in a halter training test in foals.« *Appl. Anim. Behav. Sci., 50* (1996), S. 115–120.

5 Larose, C.: »Étude de l'impact de manipulations sur le comportement du poulain.« Dissertation, Université de Rennes, 1997, CNRS 6552.

6 Kruska, D.: »Mammalian domestication and its effect on the brain structure and behavior.« In: H. Jerison (Hg.), *Intelligence and evolutionary biology*, Berlin und Heidelberg: Springer, 1988, S. 211–250.

7 Kruska, D.: »The effect of domestication on brain size and composition in the mink.« *J. Zool. London, 239* (1996), S. 645–661.

Kapitel 12

1 Tiihonen, J., et al.: »Increase in cerebral blood flow of right prefrontal cortex in man during orgasm.« *Neurosci. Lett.*, 170 (1994), 2, S. 241–243.

2 Kroll, U.: »A womb-centred life.« In: Linda Hurcombe (Hg.), *Sex and God*, London: Routledge and Kagan Paul, 1987, S. 102.
3 Thirleby, A.: *Tantra: the key to sexual power and pleasure*. Bombay: Jaico, 1982 [Erstausgabe 1978]. (*Das Tantra der Liebe*. München: Scherz, 1980, S. 14.)
4 Odent, M.: *Primal Health*. London: Century Hutchinson, 1986. (*Von Geburt an gesund. Was wir tun können, um lebenslange Gesundheit zu fördern*. Aus dem Englischen. München: Kösel, 1989.)
5 Maier, S. F., und M. E. P. Seligman: »Learned helplessness: theory and evidence.« *J. Exp. Psychol. General, 105* (1976), S. 3–46.
6 Laborit, H. : *L'inhibition de l'action*. Paris: Masson, 1980.
7 Seligman, M. E. P., und C. Beagley: »Learned helplessness in the rat.« *J. Comp. Physiol. Psychol., 88* (1975), S. 534–541.
8 Williams, K., M. Chambers, S. Logan und D. Robinson: «Association of common health symptoms with bullying in primary school children.« *British Medical Journal, 313* (1996), S. 17–19.

Kapitel 13

1 Buke, R. M.: *Cosmic consciousness*. New York: Dutton, 1969, Teil 3, S. 61–82.
2 Deikman, A. J.: »Deautomatization and the mystic experience.« *Psychiatry, 29* (1966), S. 324–338.
3 Gore, B.: *Ecstatic body postures*. Santa Fe: Bear and Co., 1995.
4 Grof, S.: *Realms of the human unconscious: observations from LSD research*. New York: Viking Press, 1975. (*Topographie des Unbewußten: LSD im Dienst der tiefenpsychologischen Forschung*, Stuttgart: Klett-Cotta, 1978.)
5 Tart, C. (Hg.): *Altered states of consciousness*. New York: Wiley, 1969.
6 Green, E. E., A. M. Green und W. Laters: »Voluntary control of internal states: psychological and physiological.« *Journal of Transpersonal Psychology, 2* [1] (1970).
7 Mahler, M., F. Pine und A. Bergman: *On human symbiosis and the vicissitudes of individuation, vol. II: The psychological birth of the human infant*. New York: Basic Books, 1967. (*Die psychische Geburt des Menschen. Symbiose und Individuation*, Frankfurt/M.: Fischer, 1978.)
8 Kaplan, L. J.: *Oneness and separateness: from infant to individual*. Touchton Books (Simon and Schuster), 1978. (*Die zweite Geburt: Die ersten Lebensjahre des Kindes*, München: Piper, [4]1986.)
9 Williams, D.: »The structure of emotions reflecting in epileptic experiences.« *Brain, 79* (1956), S. 29–67.

10 Persinger, M.: *The neuropsychological bases of God beliefs.* New York: Praeger, 1987.
11 Morse, M. L., D. Venecia und J. Milstein: »Near-death experiences: a neurophysiological explanatory model.« *J. Near Death Studies, 1* (1989), S. 45–53.
12 Furlong, M.: *Visions and longings.* London: Mowbray, 1960.
13 Hildegard von Bingen: *Wisse die Wege – Scivias*, übers. und bearbeitet von Maura Böckeler, Salzburg: Otto Müller, 1955, S. 90.

Kapitel 14

1 Priya, J. V.: *Birth without doctors.* London: Earthscan, 1991.
2 »Forms of prayer in the religions of the world.« In: *Encyclopaedia Britannica*, Chicago, 15. Auflage, 1994, S. 783.

Kapitel 15

1 Odent, M.: »Birth under water.« *Lancet,* 1983, S. 1476–1477.
2 Odent, M.: *Water and sexuality.* London: Arkana (Penguin), 1990.
3 Leakey, R., und R. Lewin: *Origins reconsidered.* Boston: Little, Brown, 1992. (*Der Ursprung des Menschen*, Frankfurt/M.: Fischer, 1993.)
4 Leakey, M. G., et al.: »New four million year old hominid species.« *Nature, 376* (1995), S. 565–571.
5 Westenhöfer, M.: *Der Eigenweg des Menschen. Dargestellt auf Grund von vergleichenden morphologischen Untersuchungen über die Menschwerdung und Artbildung*, Berlin: Mannstaedt, 1942.
6 Hardy, A.: »Was man more aquatic in the past?« *New Scientist, 7* (1960), S. 642–645.
7 Morgan, E.: *The descent of woman.* London: Souvenir Press, 1972. (*Der Mythos vom schwachen Geschlecht: Wie die Frauen wurden, was sie sind*, Düsseldorf: Econ, 1972.)
8 Morgan, E.: *The aquatic ape.* London: Souvenir Press, 1982. (*Kinder des Ozeans: Der Mensch kam aus dem Meer*, München: Goldmann, 1988.)
9 Morgan, E.: *The scars of evolution.* London: Souvenir Press, 1990.
10 Crawford, M., und D. Marsh: *The driving force. Food, evolution and the future.* London: Heinemann, 1989.
11 Odent, M., L. McMillan und T. Kimmel: »Prenatal care and seafish.« *Eur. J. Obstet. Gynecol., 68* (1996), S. 49–51.
12 Odent, M.: »The primary human disease: an evolutionary perspective.« *ReVision, 18* [2] (1995), S. 19–21.

Kapitel 16

1 Gutkowska, J., J. Antunes-Rodrigues und S. M. McCann. »Atrial natriuretic peptide in brain and pituitary gland.« *Physiological Review, 77* [2] (1997), S. 465–515.

2 Odent, M.: *Primal health.* London: Century Hutchinson, 1986. (*Von Geburt an gesund. Was wir tun können, um lebenslange Gesundheit zu fördern.* Aus dem Englischen. München: Kösel, 1989.)

3 Pert, C.: *Molecules of emotion.* London: Scribner, 1997. (*Moleküle der Gefühle: Körper, Geist und Emotion,* Reinbek: Rowohlt, 1999.)

4 Rezapour, M., T. Bäckström und V. Ulmstem: »Myometrial steroid concentration and oxytocin receptor density in parturient women at term.« *Steroids, 61* (1996), S. 338–344.

5 Fuchs, A. R., P. Hussein und F. Fuchs: »Oxytocin and the initiation of human parturition. Stimulation of prostaglandin production in human decidua by oxytocin.« *Am. J. Obstet. Gynecol., 141* (1981), S. 694–697.

6 Solof, M., und A. Hinko: »Oxytocin receptor and prostaglandin release in rabbit amnion.« In: W. G. North und A. M. Moses (Hg.), *The Neurohypophysis. Annals of the New York Academy of Sciences, 689* (1993), S. 207–218.

7 Insel, T. R., und L. E. Shapiro: »Oxytocin receptors and maternal behavior.« In: C. A. Pedersen et al. (Hg.), *Oxytocin in maternal, sexual, and social behaviors. Annals of the New York Academy of Sciences, 652* (1992), S. 122–141.

Baby-Zwischenspiel 1

1 Tacitus: *De origine et situ Germanorum.* AD 98.

2 Klagelieder 4,3.

3 Koran: Sure 2 (Bagara), Vers 233.

4 Klapiszh-Zuber, C.: *Genitori naturali e genitori di latte nella Firenze del Quattrocento.* Firenze: Quaderni storici, 1980, S. 543–563.

5 Hastrup, K.: »A question of reason: breastfeeding patterns in 17th- and 18th-century Iceland.« In: Vanessa Maher (Hg.), *The anthropology of breastfeeding,* Oxford: Berg, 1992, S. 91–108.

6 Renan, E. : *Vie de Jesus.* Paris: Le Seuil, 13. Auflage, 1992. (*Das Leben Jesu,* Leipzig: Reclam, 1863.)

Kapitel 17

1 Capra, F.: *The tao of physics.* Berkeley: Shambala, 1975. (*Der kosmische Reigen,* München: Barth, 1977; Übersetzung der vom Autor revidier-

ten und erweiterten Neuausgabe: *Das Tao der Physik*, Bern: Scherz, 1983.)

2 Capra, F.: *The web of life*. London: HarperCollins, 1996. (*Lebensnetz*, München: Scherz, 1996, S. 44.)

Kapitel 18

1 *Evangelium Jacobi minori* (Protevangelium des Jakobus) 19,2 (zitiert nach: Wilhelm Schneemelcher [Hg.], *Neutestamentliche Apokryphen. Band I: Evangelien*, Tübingen: J. C. B. Mohr, [6]1990).

2 Jakob Lorber: *Die Jugend Jesu. Das Jakobus-Evangelium durch das Innere Wort wiederempfangen durch Jakob Lorber*, Bietigheim/Württ.: Lorber-Verlag, o. J. (Erstveröffentlichung 1852).

Kapitel 19

1 Odent, M. : *Genèse de l'homme écologique*. Paris: Epi, 1979. (*Die Geburt des Menschen. Für eine ökologische Wende in der Geburtshilfe*, München: Kösel, 1980.)

2 Lamaze, F.: *Painless childbirth*. New York: Pocket Books, 1965.

3 Dick-Read, G.: *Childbirth without fear*. London: Harper and Brothers, 1944. (*Mutterwerden ohne Schmerz. Die natürliche Geburt*, Hamburg: Hoffmann und Campe, [12]1963, S. 104 und 107.)

Register

Gisela Preuschoff
Andrea Cremer
Vom Lieben und Loslassen
Die Mutter-Kind-Bindung in den ersten drei Lebensjahren
184 Seiten
Englische Broschur
ISBN 3-530-40113-7

Nichts scheint für unsere spätere Liebesfähigkeit prägender zu sein als unsere erste frühe Bindung. Wie entsteht jenes sichere Band der Liebe zwischen Mutter und Kind, das Geborgenheit schafft, doch auch dem kindlichen Drang, die Welt zu entdecken, gerecht wird?
Dieses Buch dokumentiert die Entwicklungsstufen der frühen Mutter-Kind-Beziehung. In vielen konkreten praktischen Anregungen zeigt die Psychologin Gisela Preuschoff, wie Mütter zu einer gelasseneren Haltung gegenüber ihrem Kind finden können. In den poetischen Texten von Andrea Cremer werden Stimmungen und Gefühle treffend beschrieben.

WALTER